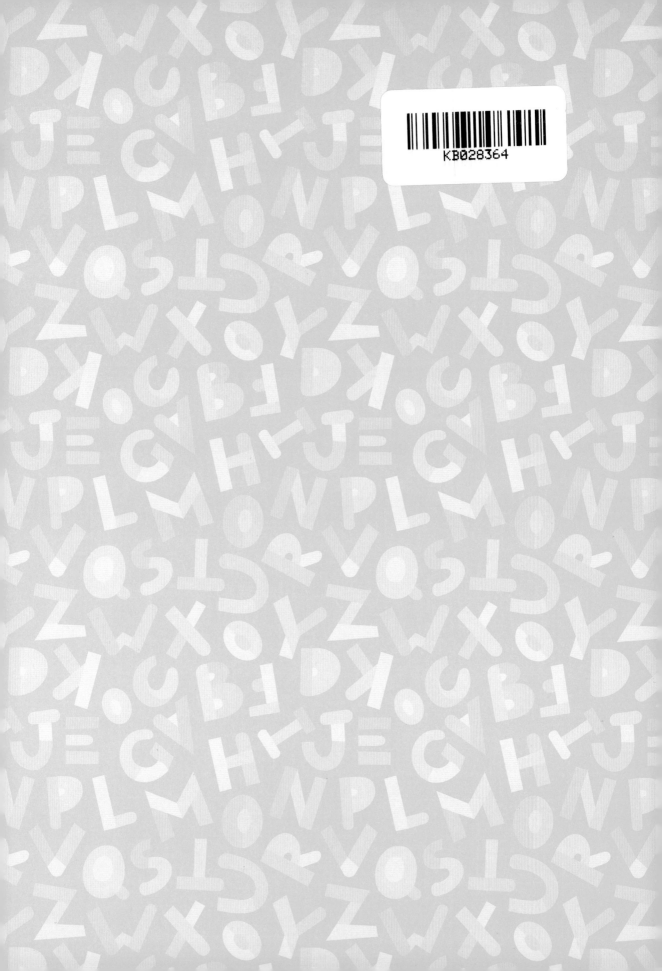

7주 완성
초등 매일 영어 글쓰기의 기적

7주 완성

문법을 몰라도
거침없이 술술술

초등 매일 영어 글쓰기의 기적

이은경 지음

빅피시
BIG FISH

1st WEEK MISSION

A ^b c /

A ^bc

7th WEEK MISSION

특별부록

중학교 영어 글쓰기 수행평가 공부법_김수린 선생님(중학교 영어교사)

영어로 글을 쓰면 생기는
세 가지 힘

첫째, 영어로 생각하는 힘

영어로 문장을 하나씩 쓰기 시작하면 나도 모르게 아주 자연스럽게 영어로 생각하는 힘이 생겨요. 내가 쓰고 싶은 이야기를 영어로 생각하면서 단어를 떠올리고, 문장의 구조를 고민하고, 결국 완성하면서 영어로 생각하는 근육이 조금씩 튼튼해지는 거예요. 이제까지는 한국어와 한글로 생각하고 글을 썼는데요, 이 모든 일이 영어로도 가능해지기 시작할 거예요. 영어로 생각하게 되다니, 정말 신기하고 멋지지 않나요?

둘째, 점점 더 정확하게 쓰는 능력

영어로 쓰다 보면 신기하게도 그 문장이 문법적으로 점점 더 정확해진답니다. 물론 처음엔 이게 무슨 뜻인지 알아보기 어려울 만큼 엉망일 거예요. 그건 당연한 일이에요. 생각해보세요, 한국어로 말하고 한글로 글을 쓰던 우리가 영어로 글을 쓰는데 그게 정확하다면 거짓말 아닐까요? 당연히 틀리는 거고요, 틀리는 건 두려워하지 않기로 해요! 하지만 신기하게도 우리의 영어 글쓰기는 점점 더 정확해질 거예요.

영어로 글을 쓴다는 건, 영어를 알고 있고, 영어로 생각할 수 있음을 표현하는 일이에요. 그래서 어렵고, 그래서 짜릿하지요. 영어로 글을 쓰는 것을 통해 우리가 가질 수 있는 세 가지 신기한 힘이 있어요. 우리는 이제 이것들을 갖게 될 거예요.

셋째, 영어를 겁내지 않는 배짱

영어를 잘하고 싶긴 하지만, 영어가 두렵게 느껴지는 친구들도 많죠? 사실 영어는 그렇게 무서운 게 아닌데 말이에요. 알고 보면 별거 아니에요. 꾸준히 조금씩 계속하기만 하면 누구나 잘하게 될 수밖에 없다고요! 영어로 영상을 보고 책을 읽긴 했지만 여전히 두려운 마음이 든다면, 영어로 글을 쓰기 시작하면서 영어가 점점 더 만만해진다는 사실을 느껴봤으면 좋겠어요. 우리에게는 영어를 겁내지 않는 배짱이 생길 거예요.

학교 공부가 쉬워지고,
영어에 자신감이 붙는다!

1st WEEK
MISSION

순서	표현	학년
01	I'm in a kitchen.	3학년
02	You are a pilot.	4학년
03	This is Kate.	4학년
04	Are you a student?	3학년
05	Is this your cap?	4학년

2nd WEEK
MISSION

순서	표현	학년
06	I have a headache.	6학년
07	You exercise every day.	5학년
08	He went to a museum.	5학년
09	I want an airplane.	4학년
10	We want to make cookies.	5학년

3rd WEEK
MISSION

순서	표현	학년
11	Do you have a ruler?	3학년
12	I don't get up early.	5학년
13	He doesn't eat carrots.	5학년
14	We don't like rainy days.	5학년
15	Do you like fishing?	3학년

4th WEEK
MISSION

순서	표현	학년
16	I can run fast.	3학년
17	We can't dance tonight.	3학년
18	Can you swim?	3학년
19	I must go now.	6학년
20	May I sleep now?	5학년

이 책에는 3~6학년까지 영어 교과서에 실린 표현들 중 반드시 알고 넘어가야 할 문장 35개가 담겨 있어요. 이 표현들만 완전히 내 것으로 만든다면, 초등 과정이 쉬워지는 것은 물론 아직 낯설고 어렵기만 한 영어 글쓰기의 기초도 다질 수 있을 거예요! 책에서 제공하는 순서대로 공부해도 되고요, 아래의 연계표를 참고해 나의 수준에 맞게 단계를 올려가면서 공부해도 좋겠죠? 7주간의 영어 글쓰기 꼭 완주하세요! 화이팅!

5th WEEK
MISSION

순서	표현	학년
21	Let's play badminton.	4학년
22	Let's go camping.	4학년
23	I will go to school tomorrow.	6학년
24	She will not run.	6학년
25	Touch your feet.	3학년

6th WEEK
MISSION

순서	표현	학년
26	When is the school festival?	6학년
27	What time do you get up?	5학년
28	What is your name?	4학년
29	Where is my watch?	4학년
30	Where do you swim?	6학년

7th WEEK
MISSION

순서	표현	학년
31	How is the weather?	3학년
32	How many dogs do you have?	6학년
33	Why do you like him?	5학년
34	Why are you crying?	5학년
35	Who are you?	4학년

Weekdays Mission!
평일 미션

1st WEEK MISSION 01

I'm in a kitchen.

I'm in ~은 '나는 ~에 있어'라는 의미로 내가 어디에 있는지 설명할 때 사용하는 표현이에요. "나 교실에 있어" "엄마는 부엌에 있어요"처럼 친구나 가족에게 평소 자주 사용하는 이 표현을 이제 영어로도 거침없이 써볼까요?

오늘의 문장을 큰 소리로
읽으며 한 글자씩 천천히
따라 써보아요.

STEP 1. 따라 쓰기 ✏️

I'm in a kitchen.

I'm in a kitchen.

I'm in a kitchen
I'm in a kitchen

💡 오늘의 문장에 숨어 있는
영어의 규칙은 바로 이것!

💡 우리말로 '나는'을 줄여서 '난'이라고 하듯 I am(주어+be동사)을 줄여서 I'm이라고 해요.
예 You are → You're, He is → He's, She is → She's, We are → We're,
They are → They're, It is → It's

오늘의 문장이
어떤 뜻인지 알아보아요.

STEP 2. 뜻 알기 🔍

I'm in a kitchen.

나는 부엌   에 있어.

나만의 새로운 단어를
차곡차곡 모아보아요.

STEP 3. 단어 모으기 👥

kitchen	library	room	movie theater	shop
부엌	도서관	방	영화관	가게

28

일주일 중 평일 5일 동안의 영어 글쓰기 미션은 모두 5단계로 구성되어 있어요. 주어진 문장을 그대로 따라 쓰는 것으로 시작해서 문장의 뜻을 알아보고, 새로운 단어를 떠올려보고, 다른 단어로 바꿔 써보는 사이 어느새 나만의 영어 문장을 완성하게 되는 마법 같은 영어 글쓰기 5단계, 살펴볼까요?

STEP 4. 단어 바꿔 쓰기

library	I'm in a library .
room	I'm in a room.
movie theater	I'm in a movie theater.
Shop	I'm in a Shop.

모은 단어들을 활용하여
나만의 새로운 문장을
만들어보아요.

STEP 5. 문장 만들기 ✏️

너는 우리 할머니 주방에 있어.

You're in my grandma's **kitchen.**

그는 작은 방 안에 있어.

He **is in a** Small **room.**

우리는 어두운 교실 안에 있어.

We **are in a** dark **classroom.**

그녀는 노란색 방 안에 있어.

She is in a yellow room .

나는 아름다운 정원에 있어.

I'm in a beautiful garden .

한글로 제시된
문장을 읽어보고,
나만의 영어 문장을
완성해보아요.

❓ 단어 힌트

✓yellow   ✓grandma's ✓small   ✓He   ✓dark
✓garden   ✓She   ✓beautiful ✓room   ✓I'm
✓We

29

❓ 이 중에서 STEP 5의 빈칸에
들어갈 단어를 골라 쓰세요.

Weekend Mission
주말 미션

● 문법 특강

언어에는 고유의 규칙이 있어요. 예를 들어, 우리 말로는 "나는/너를/좋아해"라고 쓰지만, 영어로는 I love you(나는/좋아해/너를)라고 표현하죠. 말의 순서가 다른 거예요. 이처럼 언어들이 제각각 가지고 있는 규칙을 '문법'이라고 불러요. '문법 특강'에서는 아주 기초적인 영어의 규칙을 알아볼 거예요. 문법을 알면 영어 문장을 더 정확히 쓸 수 있겠죠? 하지만 우리말 문법을 몰라도 많이 듣고 읽으면 자연스럽게 쓸 수 있게 되듯이, 영어 문장을 반복해서 듣고 읽고 쓰는 경험이 중요하다는 것, 기억하세요.

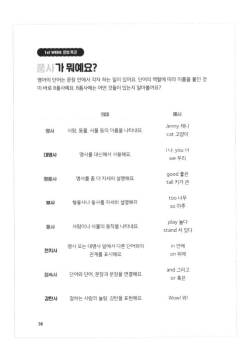

● 나만의 단어장

언어 실력을 높이는 최고의 방법은 그 언어로 만들어진 단어를 많이 아는 거예요. 영어를 잘하기 위해서는 아는 단어가 그만큼 많아야겠지요? 그래서 매일 몇 개씩이라도 새로운 단어를 알아가려는 노력이 필요해요. 이번 주에 본 영상이나 읽은 책에서, 또는 영어 글쓰기를 하는 동안 새롭게 알게 된 단어들을 정리해볼까요? 조금씩 단어를 쌓아가다 보면 어느 순간 영어가 만만하게 느껴질 거예요. 이번 주에 새롭게 모은 단어를 떠올려 나만의 단어장을 만들어보세요.

야호, 주말이에요. 주말에도 평일과 똑같은 공부를 할 필요가 없어요. 너무 지겹잖아요. 주말에 도전하는 즐거운 세 가지 미션을 소개합니다. 평일의 영어 글쓰기 미션을 완료했다면 누구나 쉽게 해볼 만한 것들이랍니다. 함께 살펴볼까요?

● 도전, 영어 자유 글쓰기

처음 한글을 배울 때는 우리말로도 한 문장을 완성하기가 어려웠어요. 그런데 지금 여러분은 어떤가요? 일기, 배움공책, 독서록, 심지어 편지까지 쓸 수 있잖아요. 영어를 매일 읽고 쓰는 연습을 하다 보면 영어로도 내가 쓰고 싶은 글을 완성하는 것이 가능해지겠죠?

그래서 우리는 주말마다 영어로 아무 글이나 써보는 자유 글쓰기를 할 거예요. 주말마다 도전할 영어 자유 글쓰기에서는 이번 주 평일 미션을 통해 연습한 문장들을 나열해도 되고요, 꼭 쓰고 싶은 문장이 있다면 구글 번역기의 도움을 받아도 되고요, 영어 문장으로 바로 쓰기 어렵다면 우리말 문장을 먼저 쓰고 나서 영어로 바꿔도 괜찮아요. 쉽지 않은 도전이지만, 일주일에 한 번씩 한 페이지를 영어로 가득 채워보는 영어 자유 글쓰기에 도전해볼까요?

혼자 공부하기 어렵다면 이은경 선생님의
영상 강의를 먼저 보고 오세요!

알파벳
따라 쓰기

모음

A A A A A A A A A

a a a a a a a a

B B B B B B B B

b b b b b b b b

C C C C C C C C

c c c c c c c c c

본격적인 영어 글쓰기에 앞서 알파벳 쓰는 법을 다시 한번 점검해보아요. 알파벳에는 대문자와 소문자가 있어요. 대문자는 A, B, C…와 같이 큰 체로 쓰고요, 소문자는 a, b, c…처럼 작은 체로 써요. 알파벳 26자의 대문자와 소문자를 획의 순서에 맞게 연습해보세요.

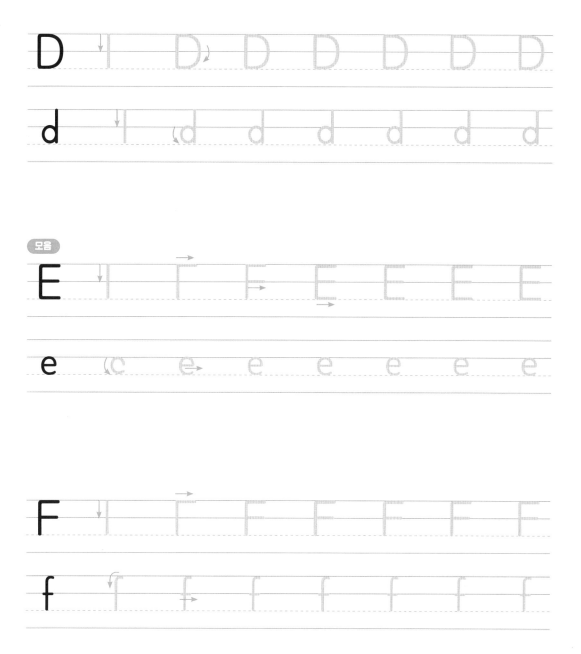

모음

G

g

H

h

I

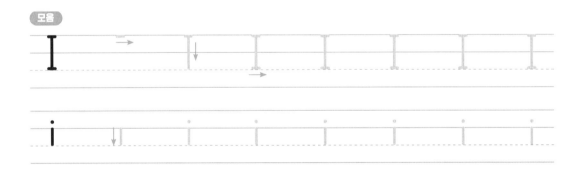

i

J

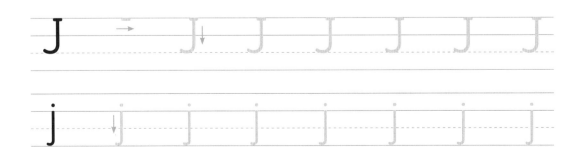

j

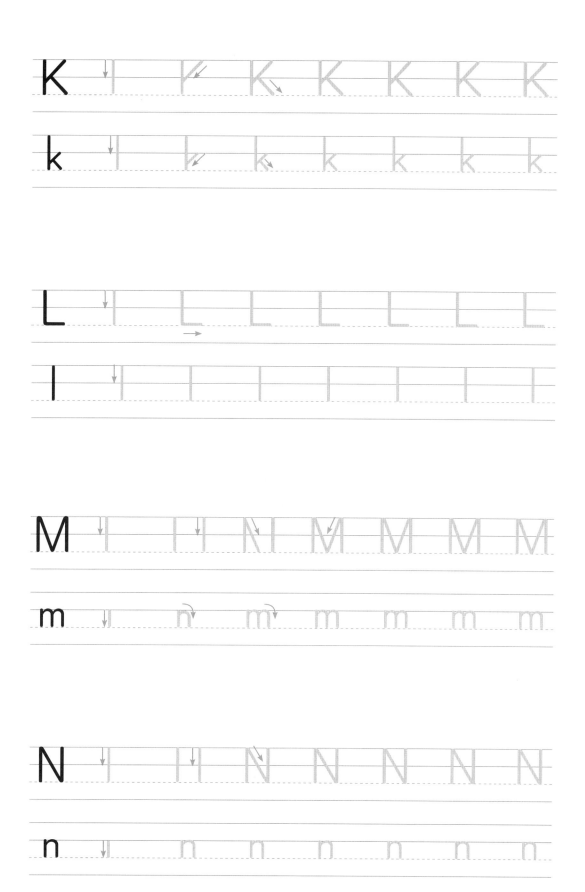

O

o

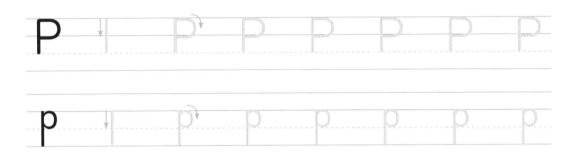

P

p

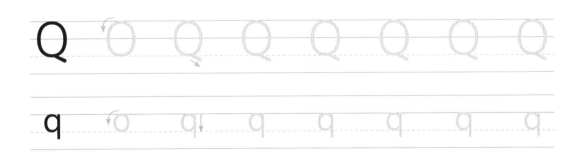

Q

q

R

r

모음

영어 문장을 쓰기 위해
반드시 알아두어야 할 것들

• 영어에도 자음과 모음이 있어요!

우리말에 ㄱ, ㄴ, ㄷ…과 같은 자음이 있고, ㅏ, ㅑ, ㅓ, ㅕ…와 같은 모음이 있는 것처럼 알파벳에도 자음과 모음이 있다는 사실을 알고 있나요? 위에서 연습한 A에서 Z까지의 알파벳 중에서 A / E / I / O / U의 5개는 모음이고요, 5개의 모음을 제외한 21개의 글자가 자음이랍니다.

• 세상 쉬운 영어 문장 띄어쓰기

영어 문장 띄어쓰기, 이것 하나만 알면 백 점! 영어는 모든 단어끼리 띄어쓰기만 하면 되니 고민할 필요가 없어요. 한글로 문장을 쓸 때는 헷갈리는 띄어쓰기가 많지만 영어는 어떤 예외도 없답니다. 모든 단어는, 심지어 알파벳 한 글자짜리 단어라도 모두 띄어 쓰세요.

예 I ∨ go ∨ to ∨ school ∨ every ∨ day.

• 영어의 문장 부호, 같을까, 다를까?

한국어 글쓰기를 할 때 사용했던 마침표, 쉼표, 따옴표 등의 문장 부호는 영어에서도 완전히 똑같아요. 따로 기억하거나 공부할 필요가 없답니다. 한국어를 쓸 때의 느낌을 그대로 살려 영어 문장에서도 문장이 끝날 때(마침표), 내용을 구분할 때(쉼표), 물어볼 때(물음표), 느낌을 표현할 때(느낌표), 생각하거나 말할 때(따옴표) 적절한 문장 부호를 마음껏 사용해보세요.

예 "Do you like cookies?"

• 문장은 모두 대문자로 시작해요!

영어 문장의 가장 중요하고 기본적인 규칙이 있는데요, 바로 문장의 첫 글자는 언제나, 무조건, 무슨 일이 있어도 대문자로 시작한다는 거예요. 정말 그러냐고요? 지금 우리 집에 있는 영어책, 영어 문제집 중 아무 책이나 꺼내어 문장들을 훑어보세요. 모두 대문자로 시작하고 있다는 걸 알게 될 거예요.

예 What time is it now?

• 그 외에도 이건 꼭 대문자로 써요!

• 사람 이름의 첫 글자

예 Elsa, Olaf, Dawoon

• 인칭 대명사 나(I)

예 You and I are friends.

• 장소 이름의 첫 글자

예 Seoul, Hudson River, Eiffel Tower, Central Park, National Museum

• 책, 영화, 음악, 신문, 잡지, 기사, 작품 등의 제목 첫 글자

예 『My Dad』, Frozen, Robocar Poli, Mona Lisa

• 년, 월, 일, 요일, 공휴일의 첫 글자

예 April, Sunday, Christmas

• 언어, 국적 단어의 첫 글자

예 Korean/Korea, America/American

• 축약형 단어 전체 글자

예 VIP (Very Important Person)

영어 글쓰기로 도장 깨기

매일 미션을 달성할 때마다 해당 코인을 색칠해주세요. 일주일간 평일과 주말 미션을 모두 달성하면 매주 8개의 코인을 얻게 됩니다. 열심히 공부한 나를 위한 선물을 코인 개수별로 부모님과 미리 상의해 정해두고 힘을 내서 끝까지 완주해봐요!

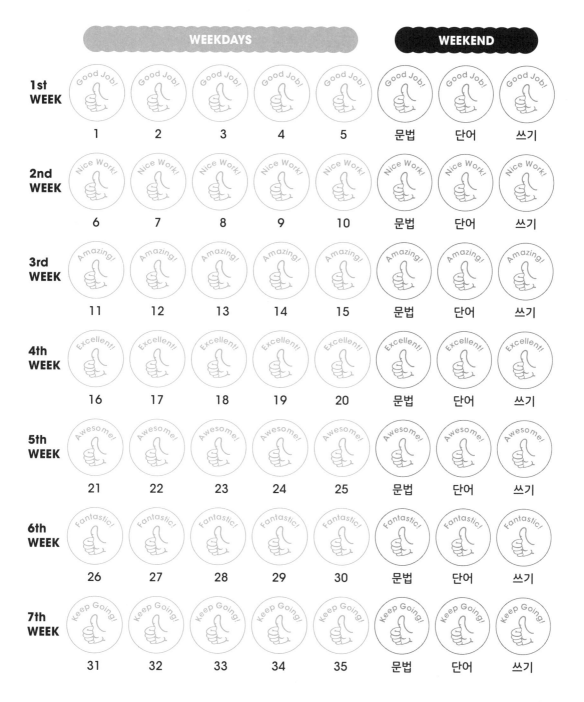

	WEEKDAYS					WEEKEND		
1st WEEK	1	2	3	4	5	문법	단어	쓰기
2nd WEEK	6	7	8	9	10	문법	단어	쓰기
3rd WEEK	11	12	13	14	15	문법	단어	쓰기
4th WEEK	16	17	18	19	20	문법	단어	쓰기
5th WEEK	21	22	23	24	25	문법	단어	쓰기
6th WEEK	26	27	28	29	30	문법	단어	쓰기
7th WEEK	31	32	33	34	35	문법	단어	쓰기

나의 영어 글쓰기
약속

꾸준한 영어 글쓰기를 위한 몇 가지 약속을 해볼까요?
선생님과의 약속이기도 하지만 가장 중요한 나 자신과의 약속이에요.
약속을 지키기 위한 노력만으로 이미 대단한 사람!

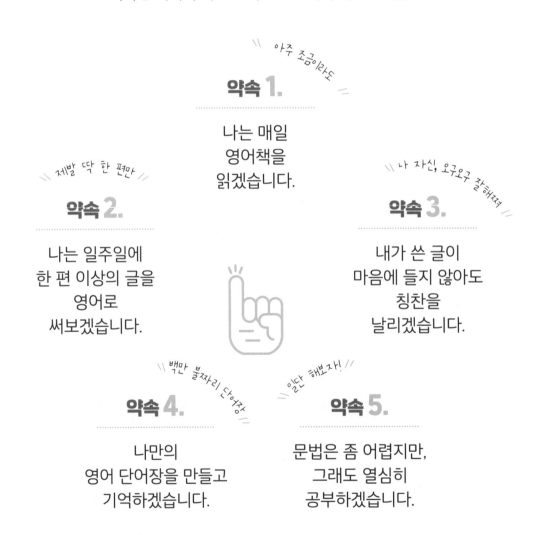

아주 조금이라도

약속 1.
나는 매일
영어책을
읽겠습니다.

제발 딱 한 편만

약속 2.
나는 일주일에
한 편 이상의 글을
영어로
써보겠습니다.

나 자신, 오구오구 잘해쪄

약속 3.
내가 쓴 글이
마음에 들지 않아도
칭찬을
날리겠습니다.

백만 불짜리 단어장

약속 4.
나만의
영어 단어장을 만들고
기억하겠습니다.

일단 해보자!

약속 5.
문법은 좀 어렵지만,
그래도 열심히
공부하겠습니다.

자, 그럼 오늘부터

7주 영어 글쓰기

시작해볼까요?

I'm in a kitchen.

I'm in ~은 '나는 ~에 있어'라는 의미로 내가 어디에 있는지 설명할 때 사용하는 표현이에요. "나 교실에 있어" "엄마는 부엌에 있어요"처럼 친구나 가족에게 평소 자주 사용하는 이 표현을 이제 영어로도 거침없이 써볼까요?

STEP 1. 따라 쓰기 🖊

I'm in a kitchen.

I'm in a kitchen.

💡 우리말로 '나는'을 줄여서 '난'이라고 하듯 I am(주어+be동사)을 줄여서 I'm이라고 해요.
예 You are → You're, He is → He's, She is → She's, We are → We're,
They are → They're, It is → It's

STEP 2. 뜻 알기 🔍

I'm in a kitchen.

나는 _____ 에 있어.

STEP 3. 단어 모으기 👥

kitchen	library	room	
부엌			

단어 바꿔 쓰기 ⇄

library	I'm in a _____.
room	_____
	_____

STEP 5. **문장 만들기** ✏️

너는 우리 할머니 주방에 있어.

You're in my _____ **kitchen.**

그는 작은 방 안에 있어.

_____ **is in a** _____ **room.**

우리는 어두운 교실 안에 있어.

_____ **are in a** _____ **classroom.**

그녀는 노란색 방 안에 있어.

_____ .

나는 아름다운 정원에 있어.

_____ .

? 단어 힌트

☐ yellow   ☐ grandma's ☐ small   ☐ He   ☐ dark
☐ garden   ☐ She   ☐ beautiful ☐ room   ☐ I'm
☐ We

1st WEEK MISSION 02

You are a pilot.

You are a ~는 '당신은 ~군요'라는 의미로 상대방이 하는 일, 직업 등을 말할 때 주로 사용하는 표현이에요. "그는 가수예요" "나는 학생이에요"처럼요. 오늘은 직업과 관련한 단어들을 한번 떠올려볼까요?

STEP 1. 따라 쓰기 ✏️

You are a pilot.

You are a pilot.

💡 셀 수 있는 종류의 명사 앞에는 a를 붙이는데요, 이 명사가 모음으로 시작하는 단어일 때는 an 을 붙여요. 예 a pilot, an announcer ➪ **명사의 여러 가지 종류가 궁금하다면 94p**

STEP 2. 뜻 알기 🔍

You are a pilot.

당신은　　　　이시군요.

STEP 3. 단어 모으기 👥

pilot	teacher	cook
조종사		

단어 바꿔 쓰기 ⇄

teacher	You are a _____.
cook	

STEP 5. 문장 만들기 ✏️

너는 잘생긴 학생이구나!

You are a _____ **student!**

그는 키가 큰 선생님이셔.

_____ **is a** _____.

나는 한 송이 예쁜 꽃이라고.

_____ **am a** _____.

그녀는 나이 많은 요리사야.

_____.

당신은 사랑스러운 한 마리 토끼예요.

_____.

❓ 단어 힌트

☐ handsome ☐ He   ☐ tall   ☐ rabbit ☐ lovely
☐ pretty   ☐ flower   ☐ She   ☐ old   ☐ I
☐ cook   ☐ teacher ☐ You   ☐ an

This is Kate.

This is ~는 '이 사람은 ~예요'라는 의미로 옆에 있는 사람을 소개할 때 사용하는 표현이에요. "이 사람은 우리 엄마예요" "저 개는 할머니의 개예요"처럼 내가 알고 있는 누군가를 다른 사람에게 소개해볼까요?

STEP 1. 따라 쓰기 ✏️

This is Kate.

This is Kate.

💡 This는 바로 옆에 있는 물건을 가리킬 때 흔히 사용하는 단어지만, 가까이 있는 사람을 소개할 때 사용하기도 해요. 멀리 있는 사람을 가리킬 때는 that, 사물의 이름을 나타낼 때는 it을 사용해요. 예 It is a flower. (그것은 꽃이야.)

STEP 2. 뜻 알기 🔍

This is Kate.

_____ 은 케이트야.

STEP 3. 단어 모으기 👥

this	that	Elsa
이 사람		

* Kate 자리에 들어갈 단어도 떠올려볼까요?

32

단어 바꿔 쓰기 🔁

that	_____ is Kate.
Elsa	

문장 만들기 ✏️

얘는 미키야.

_____ _____ **Mickey.**

저 사람이 제인의 여동생이야.

_____ **is** _____.

그 사람이 샐리의 아빠셔.

_____ **is** _____.

이분이 빌리의 선생님이셔.

_____ _____.

저분이 케이트의 엄마야.

_____ _____.

❓ 단어 힌트

☐ **Jane's**　☐ **dad**　☐ **teacher**　☐ **mom**　☐ **Sally's**
☐ **Billy's**　☐ **Kate's**　☐ **sister**　☐ **This**　☐ **That**

Are you a student?

Are you ~는 '너는 ~니?'라는 의미로 상대방에 관한 정보가 궁금할 때 물어보는 표현이에요. "저기 저분이 너의 선생님이시니?" "당신이 케이티의 선생님이신가요?"처럼 상대방에 관한 궁금증을 표현해보아요.

STEP 1. 따라 쓰기 ✏️

Are you a student?

Are you a student?

💡 무언가 묻고 싶어질 땐 주어(you)와 동사(are)의 자리를 바꿔보세요. 의문문으로 변신한답니다.
Are you~, Is he~, Is she~, Are we~, Are they~, Is it~ 이렇게요!

STEP 2. 뜻 알기 🔍

Are you a student?

너는 _____ 이니?

STEP 3. 단어 모으기 👥

student	doctor	driver		
학생				

단어 바꿔 쓰기

doctor	**Are you a** _____ **?**
driver	

문장 만들기

당신은 화가인가요?

Are you an _____ **?**

그는 버스 운전사니?

_____ **a** _____ **?**

그 여자분은 학생이니, 선생님이시니?

_____ **a** _____ **or a** _____ **?**

나는 사람인가, 동물인가?

_____ **?**

당신은 택시 운전사인가요, 버스 운전사인가요?

_____ **?**

? 단어 힌트

- ☐ artist
- ☐ bus driver
- ☐ student
- ☐ teacher
- ☐ man
- ☐ animal
- ☐ you
- ☐ he
- ☐ she
- ☐ I
- ☐ taxi driver
- ☐ Is
- ☐ Am
- ☐ an
- ☐ Are

Is this your cap?

Is this ~는 '이게 ~니?'라는 의미로 이 물건이 무엇인지 물어볼 때 사용하는 표현이에요. "이게 너의 칫솔이니?" "이 신발이 할머니 거예요?"처럼 누구의 것인지 궁금할 때 사용해보세요.

STEP 1. 따라 쓰기 🖊

Is this your cap?

Is this your cap?

💡 누구의 것인지 구분할 때는 my(나의), your(너의, 당신의), his(그의), her(그녀의), their(그들의), our(우리의)라고 정확한 주인을 표시해보세요. 이처럼 어떤 것의 소유를 나타내는 말을 '소유격'이라고 해요.

STEP 2. 뜻 알기 🔍

Is this your cap?

이거, 너의   니?

STEP 3. 단어 모으기 👥

cap	dress	book		
모자				

단어 바꿔 쓰기 🔄

dress	**Is this your** _____ **?**
book	

문장 만들기 ✏️

이것은 너의 공책이니?

Is this _____ **?**

저것이 당신의 자동차예요?

Is _____ **?**

그게 네 신발이야?

Are these _____ **?**

이게 그 사람의 컵이니?

_____ **?**

저게 그 여자분의 집이니?

_____ **?**

? 단어 힌트

☐ car   ☐ shoes   ☐ his   ☐ cup   ☐ her
☐ that   ☐ your   ☐ Is   ☐ this   ☐ house
☐ notebook

품사가 뭐예요?

영어의 단어는 문장 안에서 각자 하는 일이 있어요. 단어의 역할에 따라 이름을 붙인 것이 바로 8품사예요. 8품사에는 어떤 것들이 있는지 알아볼까요?

	의미	예시
명사	사람, 동물, 사물 등의 이름을 나타내요.	Jenny 제니 cat 고양이
대명사	명사를 대신해서 사용해요.	I 나, you 너 we 우리
형용사	명사를 좀 더 자세히 설명해요.	good 좋은 tall 키가 큰
부사	형용사나 동사를 자세히 설명해요.	too 너무 so 아주
동사	사람이나 사물의 동작을 나타내요.	play 놀다 stand 서 있다
전치사	명사 또는 대명사 앞에서 다른 단어와의 관계를 표시해요.	in 안에 on 위에
접속사	단어와 단어, 문장과 문장을 연결해요.	and 그리고 or 혹은
감탄사	말하는 사람의 놀람, 감탄을 표현해요.	Wow! 와!

나만의 단어장

이번 주에 **새롭게 모은 단어**를 떠올려
나만의 단어장을 만들어보세요.

	영어	단어 뜻
1		
2		
3		
4		
5		
6		
7		
8		
9		
10		
11		
12		
13		
14		
15		
16		
17		
18		

그래서 이건
누구의 것일까?

아침에 눈을 떴는데 쿵쿵, 하는 소리가 들렸어요. 누구지? 현관문을 열고 나가 보니 아무도 없는데 택배 상자 하나가 있는 걸 발견했어요. 뭘까요? 누구의 것일까요? 이건 도대체 무엇일까요?

궁금한 마음을 참지 못하고 상자를 열어봤어요. 상자 안에 뭐가 보이나요? 무엇이 상자 안에 있는지 써보세요. (in the box 표현 사용) 상자 안의 물건이 무엇인지도 설명해보세요. (This is 표현 사용) 또 물건과 상자는 누구의 것인지 묻는 글도 써볼까요?(Is this ~? 표현 사용)

1st WEEK 완전 자유롭게!
영어로 자유 글쓰기를 해볼까?

Freewriting in English

This is a box.

41

I have a headache.

I have ~는 '나는 ~가 아파'라는 의미로 몸 어딘가에 통증이 있을 때 사용하는 표현이에요. "나 머리가 아파" "아빠는 배가 아프세요"처럼 아픈 곳을 표현해볼까요?

STEP 1. 따라 쓰기 ✏️

I have a headache.

I have a headache.

💡 신체의 특정 부위에 통증이 느껴질 때는 I have [아픈 부위] 표현을, 몸 상태가 전반적으로 좋지 않을 때는 I'm sick.(아파요.) 표현을 써요. have에는 여러 가지 의미가 있는데, 오늘의 문장에서는 '(병을) 앓고 있다'라는 뜻으로 쓰였어요.

STEP 2. 뜻 알기 🔍

I have a headache.

나 지금 _____ 가 아파.

STEP 3. 단어 모으기 👥

headache	stomachache	toothache
두통(머리 아픔)		

단어 바꿔 쓰기

stomachache	I have a _____ .
toothache	

문장 만들기 ✏️

나는 지금 머리도 아프고, 이도 아파.

I have a _____ **and a** _____ .

너는 배가 아프구나.

_____ **have a** _____ .

아빠는 배도 아프고 머리도 아프대요.

_____ **has a** _____ **and a** _____ .

너는 이도 아프고 배도 아프구나.

_____ .

엄마는 배가 아프고 머리도 아파.

_____ .

? 단어 힌트

☐ toothache ☐ headache ☐ You ☐ Dad ☐ Mom
☐ has ☐ have ☐ stomachache

You exercise every day.

You ~ every day는 '너는 매일 ~를(을) 하는구나'라는 의미로 매일 반복하는 어떤 행동을 설명할 때 사용하는 표현이에요. 누군가 매일 어떤 행동을 습관처럼 반복하고 있다면 이 표현을 통해 멋진 모습을 칭찬해주세요.

STEP 1. 따라 쓰기 🖊

You exercise every day.

You exercise every day.

💡 주어에 따라 동사의 모습이 달라져요. 주어가 He 또는 She일 때는 동사의 뒤에 -s를 붙여주세요. 예 He exercise**s** every day.

STEP 2. 뜻 알기 🔍

You exercise every day.

너는 매일 _____ 을 하는구나.

STEP 3. 단어 모으기 👥

exercise	run	study	
운동하다			

단어 바꿔 쓰기 🔁

run	You _____ every day.
study	

문장 만들기 ✏️

너는 매일 공부를 하고 춤을 추는구나.

You _____ **and** _____ **every day.**

그는 매일 달리기를 하는구나.

He _____ **every day.**

그 여자는 매일 요리를 하고 책을 읽어.

She _____ **and** _____ **a book every day.**

나는 매일 노래를 부르고 춤을 춰.

_____ .

너는 매일 울고 소리 지른다고!

_____ !

❓ 단어 힌트

☐ dance ☐ runs ☐ cooks ☐ reads ☐ sing a song
☐ shout ☐ I ☐ You ☐ study ☐ cry
☐ every day

45

He went to a museum.

went to ~는 과거에 어딘가에 갔던 사실을 설명할 때 사용하는 표현이에요. 주말이나 방학을 서로 어떻게 보냈는지 친구와 이야기하려면 이 표현을 꼭 알아두어야겠죠?

STEP 1. **따라 쓰기** ✏️

He went to a museum.

He went to a museum.

💡 go는 현재형으로 '간다', went는 과거형으로 '갔다'를 의미해요. 이처럼 과거형의 모습이 완전히 바뀌는 동사도 있고, 동사의 모습을 그대로 또는 일부만 유지하면서 뒤에 -(e)d가 붙는 경우도 있어요. 예 want / wanted(원하다), like / liked(좋아하다), cry / cried(울다)

STEP 2. **뜻 알기** 🔍

He went to a museum.

그는 _____ 에 갔어요.

STEP 3. **단어 모으기** 👥

museum	bookstore	hairshop	
박물관			

단어 바꿔 쓰기 🔁

bookstore	**He went to a** _____ .
hairshop	_____
	_____

문장 만들기 ✏️

너는 미용실에 갔구나.

_____ **went to a** _____ .

나는 박물관과 극장에 갔어.

I went to a _____ **and a** _____ .

그녀는 큰 공원에 갔어.

She went to a _____ .

너는 어제 학교에 갔구나.

_____ .

나는 지난 주에 할머니댁에 갔어.

_____ .

❓ 단어 힌트

☐ hairshop   ☐ museum   ☐ theater   ☐ big   ☐ park
☐ house   ☐ You   ☐ last week   ☐ yesterday   ☐ I
☐ school   ☐ grandma's

2nd WEEK MISSION 09

I want an airplane.

I want ~는 '나는 ~를 원해요'라는 의미로 내가 원하는 것을 설명할 때 사용하는 표현이에요. "너, 자고 싶구나" "엄마는 가방을 사고 싶대요"처럼 원하는 것을 표현하면서 즐거운 글쓰기를 해볼까요?

STEP 1. 따라 쓰기 ✏️

I want an airplane.

I want an airplane.

💡 그저 평범한 비행기 장난감을 원할 땐 an airplane을, 어제 장난감 가게에서 봐두고 온 바로 '그' 비행기 장난감을 원할 땐 the airplane을 사용하면 돼요. ⇨ **정관사 the가 궁금하면 108p**

STEP 2. 뜻 알기 🔍

I want an airplane.

나는 _____ 를 원해요.

STEP 3. 단어 모으기 👥

airplane	pencil	apple	
비행기			

48

단어 바꿔 쓰기 🔁

pencil	I want a _____ .
apple	_____
	_____

문장 만들기 ✏️

나는 비행기와 자동차 둘 중 하나를 원해요.

I want an _____ **or a** _____ .

그는 빨간색 모자와 노란색 모자를 원해요.

He wants a _____ **cap and a** _____ **cap.**

그 여자는 큰 가방과 작은 거울을 원해요.

She wants a _____ **and a** _____ .

너는 두꺼운 책을 원하는구나.

_____ .

나는 아름다운 정원과 분홍색 가방을 원해요.

_____
_____ .

? 단어 힌트

- ☐ car
- ☐ red
- ☐ pink
- ☐ yellow
- ☐ big
- ☐ mirror
- ☐ thick
- ☐ book
- ☐ beautiful
- ☐ bag
- ☐ You
- ☐ I
- ☐ garden
- ☐ airplane
- ☐ small

We want to make cookies.

want to~는 '~를 하고 싶다'라는 의미로 내가 어떤 행동을 하고 싶은지 설명할 때 사용하는 표현이에요. 단순히 물건을 원하는 게 아니라, 하고 싶은 행동이 있을 때 그 행동을 나타내는 동사를 사용해서 표현해보세요.

STEP 1. 따라 쓰기 🖊️

We want to make cookies.

We want to make cookies.

💡 to 다음에는 언제나 동사의 원형이 와야 해요. 원형이라는 것은 어떤 식으로도 변형되지 않은 단어의 원래 모습 그대로를 말해요. make는 원형이고요, 과거형은 made예요.

STEP 2. 뜻 알기 🔍

We want to make cookies.

우리는 쿠키를 _____ 싶어.

STEP 3. 단어 모으기 👥

make	jump	dance
만들다		

50

단어 바꿔 쓰기 🔁

jump	**We want to** _____ .
dance	

문장 만들기 ✏️

우리는 멋진 집을 만들고 싶다고요.

We want to make a _____ _____ .

나는 노래를 부르고 싶어.

I want to _____ _____ .

그는 춤을 추고 달리고 싶어해.

He wants to _____ **and** _____ .

너는 책을 읽고 싶구나.

_____ .

나는 피아노를 치고 싶기도 하고, 드럼을 치고 싶기도 해.

_____ **the** _____

_____ **the** _____ .

? **단어 힌트**

☐ house ☐ I ☐ dance ☐ run ☐ read
☐ book ☐ play ☐ piano ☐ drum ☐ You
☐ great ☐ sing a song

51

문장 성분이 뭐예요? ❶

영어 단어는 어디에 위치하느냐에 따라 문장에서 맡은 역할이 있어요. 맨 앞에 오면 주어, 주어 다음에 오면 동사가 됩니다. 문장에서 단어가 하는 역할에 대해 알아볼까요?

주어

의미	문장에서 동작의 주인공이 누구인지 말해요. 명령문, 의문문을 제외하고 보통 문장의 맨 앞에 나와요.
형태	주어는 보통 '-은/-는/-이/-가'로 끝나요.
예문	**Tom likes to eat pizza.** 톰은 피자 먹는 것을 좋아해요. **His favorite food is pizza.** 그가 가장 좋아하는 음식은 피자예요.

동사

의미	문장에서 동작이나 행동을 말해요.
형태	동사는 보통 '-다/-요'로 끝나고 주어 다음에 나와요.
예문	**Jenny takes a walk every Sunday.** 제니는 매주 일요일 산책을 한다. **I love to play soccer.** 나는 축구를 너무 좋아해요.

	영어	단어 뜻
1		
2		
3		
4		
5		
6		
7		
8		
9		
10		
11		
12		
13		
14		
15		
16		
17		
18		

내가 공부할 과목을
결정할 수 있다면

국어, 수학, 사회, 과학. 너무 따분해. 도대체 이런 과목들은 누가, 왜 만든 거야? 국어, 수학, 사회, 과학을 잘한다고 해서 행복하게 살게 되는 것도 아닌데 왜 모든 아이가 똑같은 교실에 앉아서 이 과목을 배워야 하는지 정말 이해가 되지 않아.

이런 따분한 과목들 말고 너는 어떤 걸 좋아하니? 네가 과목을 정해서 6년 동안 공부할 수 있다면 어떤 과목을 만들고 싶니? I want to~ 문장을 마음껏 사용해서 내가 배우고 싶고(I want to learn~), 공부하고 싶고(I want to study~), 하고 싶고(I want to do~), 더 많이 알고 싶은(I want to know~) 것들을 자유롭게 적어 볼까? 최고의 자유 글쓰기가 될 거야!

완전 자유롭게!
영어로 자유 글쓰기를 해볼까?

I want to

Do you have a ruler?

Do you have~는 '너는 ~를 가지고 있니?'라는 의미로 상대방이 무엇을 가지고 있는지 물어볼 때 사용하는 표현이에요. 친구의 필통 속에는 지금 무엇이 들어 있을까요?

 **STEP 1.** 따라 쓰기 🖊

Do you have a ruler?

Do you have a ruler?

💡 그 남자(he), 그 여자(she)처럼 주어가 3인칭 단수일 때는 Do 대신 Does를 사용해요. 오늘의 문장에서 have는 여러 가지 쓰임 중에서 가장 흔하게 사용하는 '가지다, 있다, 소유하다'의 의미로 쓰였어요.

STEP 2. 뜻 알기 🔍

Do you have a ruler?

너,   갖고 있니?

STEP 3. 단어 모으기 👥

ruler	pencil	bag	
자			

단어 바꿔 쓰기

pencil	**Do you have a** _____ **?**
bag	

STEP 5. **문장 만들기** 🖊

너, 분홍색 가방 있니?

Do you _____ **a pink** _____ **?**

그 사람은 자동차를 가지고 있니?

Does he have a _____ **?**

나에게는 연필이 있을까, 지우개가 있을까?

Do I have a _____ **or an** _____ **?**

너는 귀여운 고양이를 가지고 있니?

_____ **?**

너는 분홍색 연필과 검은색 연필을 가지고 있니?

_____ **?**

❓ 단어 힌트

☐ have ☐ bag ☐ car ☐ pencil ☐ eraser
☐ you ☐ cute ☐ cat ☐ pink ☐ black
☐ Do

I don't get up early.

I don't ~는 '나는 ~를 하지 않아'라는 의미로 내가 하지 않는 일을 설명할 때 사용하는 표현이에요. "나는 채소를 먹지 않아요" "내 동생은 일찍 잠들지 않아요"처럼 하지 않는 일을 설명할 때 아주 유용하죠!

STEP 1. 따라 쓰기 ✏️

I don't get up early.

I don't get up early.

💡 don't는 '하다'라는 의미의 do와 부정적인 의미를 가진 not이 합쳐진 단어예요. 두 단어가 합쳐지면서 하나 이상의 문자가 생략될 때, 영어에서는 어퍼스트로피(')라는 문장 부호를 사용해요. 주어와 be동사를 더해 I'm, You're, He's로 표기하는 것도 이런 이유랍니다.

STEP 2. 뜻 알기 🔍

I don't get up early.

나는 일찍   않아.

STEP 3. 단어 모으기 👥

get up	read	drink	
일어나다			

단어 바꿔 쓰기 🔁

read	**I don't** .
drink	

문장 만들기 ✏️

나는 책을 읽지 않고 영어 공부도 하지 않아요.

I don't _____ **and** _____ .

너는 빵과 치즈를 안 먹는구나.

You don't eat _____ **and** _____ .

그 사람은 일찍 일어나지 않아요.

_____ **doesn't get up early.**

그녀는 책을 읽지 않아요.

_____ .

너는 영어와 과학을 공부하지 않는구나.

_____ .

❓ 단어 힌트

☐ book   ☐ read   ☐ English   ☐ bread   ☐ cheese
☐ He   ☐ She   ☐ science   ☐ You   ☐ doesn't
☐ study

He doesn't eat carrots.

doesn't eat ~는 '~를 먹지 않아'라는 의미로 안 먹는 음식을 설명할 때 사용하는 표현이에요. 여러분도 특히 좋아하지 않는 음식이 있나요? 좋아하지 않는 음식이지만 영어 표현에 도전!

STEP 1. 따라 쓰기 🖊

He doesn't eat carrots.

He doesn't eat carrots.

💡 어제 공부한 don't와 doesn't는 같은 의미를 가지고 있지만, he, she, it 등 주어가 3인칭 단수일 때는 does not의 줄임말인 doesn't를 사용해요

STEP 2. 뜻 알기 🔍

He doesn't eat carrots.

개는 _____ 을 안 먹어.

STEP 3. 단어 모으기 👥

carrots	tomatoes	pizza
당근		

60

단어 바꿔 쓰기

tomatoes	He doesn't eat .
pizza	

STEP 5. 문장 만들기

그는 치킨을 안 먹어.

doesn't eat   .

나는 토마토를 안 먹어.

I don't   .

나는 오이랑 당근을 안 먹어.

I don't   .

그녀는 포도와 복숭아를 안 먹어.

.

너는 버섯을 안 먹는구나.

.

❓ 단어 힌트

☐ chicken   ☐ cucumbers   ☐ carrots   ☐ grapes   ☐ tomatoes
☐ He   ☐ peaches   ☐ She   ☐ You   ☐ don't
☐ mushrooms

We don't like rainy days.

We don't like ~days는 '우리는 ~날씨를 좋아하지 않아'라는 표현이에요. 나는 어떤 날씨를 좋아하지 않는지, 우리 아빠는 어떤 날씨를 좋아하지 않는지 영어로 문장을 만들어볼까요?

STEP 1. **따라 쓰기** 🖊

We don't like rainy days.

~~We don't like rainy days.~~

💡 주어가 I(나), You(너), We(우리), They(그들)일 때는 don't를, He(그), She(그녀), It(그것)처럼 3인칭일 때는 doesn't를 사용하면 됩니다. '나'는 1인칭, '너'는 2인칭 그리고 '나'와 '너'를 제외한 누군가를 가리키는 말이 3인칭이에요.

STEP 2. **뜻 알기** 🔍

We don't like rainy days.

우리는 _____ 날을 좋아하지 않아요.

STEP 3. **단어 모으기** 👥

rainy	cloudy	sunny	
비 오는			

STEP 4. 단어 바꿔 쓰기 ⇆

cloudy	We don't like _____ days.
sunny	_____
	_____

STEP 5. 문장 만들기 ✏️

나는 눈 오는 날을 좋아하지 않아.

_____ don't like _____ days.

엄마는 흐린 날과 비 오는 날을 좋아하지 않아.

_____ doesn't like _____ days and _____ days.

탐은 화창한 날을 좋아하지 않아.

Tom doesn't like _____ days.

아빠는 비 오는 날과 눈 오는 날을 좋아하지 않아요.

_____ .

그는 더운 날을 좋아하지 않아요.

_____ .

❓ 단어 힌트

☐ snowy ☐ Mom ☐ cloudy ☐ rainy ☐ sunny
☐ Dad ☐ doesn't ☐ He ☐ hot ☐ I
☐ days

63

Do you like fishing?

Do you like ~ing는 '~를 좋아하세요?'라고 묻고 싶을 때 사용하는 표현이에요. 우리 친구들은 어떤 활동을 좋아하나요? 즐겨 하는 활동을 나타내는 동사에 ing를 붙여서 여러 문장을 완성해보세요.

STEP 1. **따라 쓰기** ✏️

Do you like fishing?

Do you like fishing?

💡 동사에 ing를 붙이면 명사가 돼요. 예를 들어, fish는 동사로 '낚시하다'라는 뜻인데, 이 단어에 ing를 붙이면 fishing, 명사로 '낚시'라는 뜻이 되는 거예요. 이런 단어를 동명사라고 한답니다.

STEP 2. **뜻 알기** 🔍

Do you like fishing?

너는 _____ 를 좋아하니?

STEP 3. **단어 모으기** 👥

fish	walk	swim		
낚시하다				

64

단어 바꿔 쓰기 🔁

walk	**Do you like** _____ **?**
swim	

문장 만들기 ✏️

너는 수영과 낚시를 좋아하니?

Do you like _____ **and** _____ **?**

너는 수영이나 걷기를 좋아하니?

Do you like _____ **or** _____ **?**

나는 공부를 좋아하는가?

Do I like _____ **?**

그녀는 걷기를 좋아하나요?

_____ **?**

그는 운전하기와 수영하기를 좋아하나요?

_____ _____ _____

_____ **?**

❓ 단어 힌트

☐ **swimming**   ☐ **fishing**   ☐ **studying**   ☐ **walking**   ☐ **driving**
☐ **she**   ☐ **he**   ☐ **Does**

문장 성분이 뭐예요? ❷

목적어

의미	동사가 나타내는 행위의 대상을 말하는데요, 일반적으로 동사 뒤에 목적어가 나와요.
형태	목적어는 '-을/-를'로 해석하면 자연스러워요.
예문	**I gave this book to Dad.** 나는 이 **책을** 아빠께 드렸어. **You had dinner at 7 o'clock.** 너는 7시에 **저녁을** 먹었어.

목적격 보어

의미	'보어'는 보충해서 설명해주는 말을 뜻하는데요, 목적격 보어는 목적어를 보충해주는 말이에요.
예문	**I will call you a pretty flower.** 나는 너를 **예쁜 꽃이라고** 부를 거야. 목적어 '너를'을 보충하는 말

나만의 단어장

이번 주에 **새롭게 모은 단어**를 떠올려
나만의 단어장을 만들어보세요.

	영어	단어 뜻
1		
2		
3		
4		
5		
6		
7		
8		
9		
10		
11		
12		
13		
14		
15		
16		
17		
18		

어머,
세상에 이런 일이?

잘 자고 일어나 눈을 떴는데 무언가 좀 다른 느낌이 들었어. 털옷을 잔뜩 껴입은 것처럼 답답한 기분이 들고, 이불의 부스럭거리는 소리가 너무나 선명하게 들려서 이상하기도 했고. 배가 고파서 뭐 좀 먹을까 하고 몸을 일으켰는데 일어나 앉기가 너무 힘이 들었어. 어디가 아픈가 싶어 자세히 몸을 살펴본 나는 깜짝 놀라 소리를 질렀지.

이런. 내가 개가 된 거야.

어머나, 너도 동물이 되었다고? 어떤 동물이 되었니? 그래서 뭘 했어?

동물이 된 나에 관해 소개하는 날이야. I am으로 시작하는, 동물이 된 나에 관한 재미있는 상상의 소개를 하는 거야. 이번 주에 배운 I don't 표현을 활용해보는 건 어떨까? I don't eat~, I don't like~, I don't have~ 만으로도 다양하게 소개해볼 수 있을 거야.

완전 자유롭게!
영어로 자유 글쓰기를 해볼까?

I am

I can run fast.

I can ~은 '나는 ~를 할 수 있어'라는 의미로 내가 할 수 있는 일에 관해 설명할 때 사용하는 표현이에요. 내가 잘할 수 있는 일을 떠올려보면서 자랑하는 문장을 영어로 표현해볼까요?

STEP 1. 따라 쓰기 ✏️

I can run fast.

I can run fast.

💡 그냥 달리는 것 말고, 빨리 달릴 수 있다면 I can run 다음에 fast를 붙여주면 되지요. fast(빠르게) 대신 so fast(엄청 빠르게), slowly(느리게), continuously(계속해서) 같은 다른 부사를 써도 돼요. 여러분은 어떻게 달리나요?

STEP 2. 뜻 알기 🔍

I can run fast.

나는 빨리 　　　　　수 있어.

STEP 3. 단어 모으기 👥

run	swim	drive
달리다		

단어 바꿔 쓰기 ⇄

swim	I can .
drive	

문장 만들기 ✏️

너는 천천히 달릴 수 있구나.

You can _____.

아빠는 운전을 빨리할 수 있어요.

Dad _____.

엄마는 요리와 수영을 빨리할 수 있어요.

Mom can _____ **and** _____ **fast.**

나는 수영과 달리는 것을 빠르게 할 수 있어.

_____ .

그는 운전과 걷기를 빠르게 할 수 있어.

_____ .

❓ 단어 힌트

☐ run   ☐ slowly   ☐ drive   ☐ fast   ☐ cook
☐ swim   ☐ walk   ☐ I   ☐ He

71

We can't dance tonight.

We can't ~는 '우리는 ~를 할 수 없어'라는 의미로 할 수 없는 일을 설명할 때 사용하는 표현이에요. 할 수 있는 일도 많지만, 할 수 없는 일도 많기 때문에 이 표현도 잘 알아두 세요!

STEP 1. 따라 쓰기 ✏️

We can't dance tonight.

We can't dance tonight.

💡 can't는 can not의 줄임말로, 주어와 상관없이 모두 can't를 사용해요. 주어가 몇 인칭이냐에 따라 don't와 doesn't로 구분하는 것과는 다르죠?

STEP 2. 뜻 알기 🔍

We can't dance tonight.

우리는 오늘 밤에 _____ 수 없어.

STEP 3. 단어 모으기 👥

dance	drive	read	
춤추다			

단어 바꿔 쓰기

drive	We can't_____.
read	

문장 만들기

나는 아침밥을 먹을 수 없어.

_____ **can't** _____ **breakfast.**

너는 아침밥과 점심밥을 먹을 수 없어.

_____ **can't** _____

_____.

아빠는 운전을 빠르게 할 수 없어요.

Dad _____ _____.

엄마는 운전을 느리게 할 수 없어요.

_____.

아빠와 엄마는 수영을 할 수 없어요.

_____.

❓ 단어 힌트

☐ slowly   ☐ breakfast   ☐ lunch   ☐ drive   ☐ fast
☐ You   ☐ swim   ☐ Mom   ☐ Dad   ☐ I
☐ have(eat)

73

Can you swim?

Can you ~는 '너는 ~를 할 수 있니?'라는 의미로 상대가 무언가를 할 줄 아는지 물어볼 때 사용하는 표현이에요. 친구와 함께 수영을 하고 싶다면, 수영을 할 줄 아는지 먼저 물어봐야겠죠?

STEP 1. 따라 쓰기 ✏️

Can you swim?

Can you swim?

💡 Can you~ 뒤에는 동사원형만 올 수 있어요. 지금까지 외운 단어들 중 동사원형이라면 무엇이든지 붙여보세요. 읽다(read), 쓰다(write), 먹다(eat), 보다(see) 등 너무 많겠죠?

STEP 2. 뜻 알기 🔍

Can you swim?

너,　　　할 수 있니?

STEP 3. 단어 모으기 👥

swim	jump	drive
수영하다		

단어 바꿔 쓰기 🔄

jump	Can you ?
drive	

STEP 5. 문장 만들기 ✏️

내가 수영을 할 수 있을까?

Can   **?**

그는 점프하고 달릴 수 있나요?

Can he   **and**   **?**

너는 운전이나 낚시를 할 수 있니?

Can   **or**   **?**

그녀는 춤추고 노래할 수 있나요?

?

내가 축구와 농구를 할 수 있을까?

?

❓ 단어 힌트

☐ swim   ☐ jump   ☐ run   ☐ drive   ☐ fish
☐ dance   ☐ play   ☐ soccer   ☐ basketball ☐ I
☐ you   ☐ she   ☐ sing a song

I must go now.

I must ~는 '나는 ~를 해야만 한다'라는 의미로 내가 해야 하는 일을 설명할 때 사용하는 표현이에요. 정말 하기 싫은데 억지로 하고 있는 일, 하나씩은 있죠?

STEP 1. 따라 쓰기 ✏️

I must go now.

I must go now.

💡 must와 같은 의미, 역할을 하는 동사가 있어요. 바로 have to랍니다. 이 두 단어 뒤에는 반드시 동사의 원형이 따라와야 해요.

STEP 2. 뜻 알기 🔍

I must go now.

나 지금 _____ 만 해.

STEP 3. 단어 모으기 👥

go	sleep	swim	
가다			

76

단어 바꿔 쓰기

sleep	I must _____ now.
swim	

문장 만들기

나는 지금 학교에 가야만 해.

I _____ to _____ now.

너는 지금 당장 잠자리에 들어야 해.

You must _____ **to** _____ **now.**

아빠는 운전을 천천히 해야만 해.

_____ **must** _____ **slowly.**

나는 공부를 하고, 책을 읽어야만 해.

_____ .

우리는 매일 피아노와 드럼을 연주해야 해.

_____

_____ .

? 단어 힌트

☐ go   ☐ school   ☐ drive   ☐ I   ☐ bed
☐ study   ☐ Dad   ☐ read   ☐ books   ☐ We
☐ play   ☐ piano   ☐ drum   ☐ every day ☐ the

May I sleep now?

May I ~는 '제가 ~를 해도 되나요?'라는 의미로 내가 하고 싶은 행동에 허락을 구하는 표현이에요. 어떤 행동을 하기 전에 해도 되는지 궁금하고 조심스럽다면 미리 한번 물어보는 센스가 필요하겠죠?

STEP 1. 따라 쓰기 ✏️

May I sleep now?

💡 상대방의 허락을 구할 때 May I~와 비슷한 의미로 Can I~도 쓸 수 있어요. May I~가 Can I~ 보다 좀 더 정중한 느낌이에요. ⇨ **조동사 can의 쓰임이 궁금하다면 80p**

STEP 2. 뜻 알기 🔍

May I sleep now?

나 지금　　　　　　　될까?

STEP 3. 단어 모으기 👥

sleep	study	sit
자다		

단어 바꿔 쓰기 🔁

study	May I _____ here?
sit	

문장 만들기 ✏️

내가 도와줄까?

May I _____ **you?**

나 들어가도 돼?

May I _____ **in?**

내가 너의 책과 노트를 봐도 될까?

May I _____ **your** _____ **and** _____ **?**

내가 너의 방에서 자도 될까?

_____ **?**

내가 너의 책으로 공부해도 될까?

_____ **?**

❓ 단어 힌트

☐ help ☐ see ☐ book ☐ come ☐ notebook
☐ sleep ☐ study ☐ May ☐ with your book
☐ in your room

조동사 can과 must

can

조동사 can에는 '~할 수 있다'라는 능력의 의미와 함께
'~해도 된다'라는 허가의 의미도 있어요.

능력	**You can swim fast.** 너는 수영을 빠르게 **할 수 있구나.**	**They can play drums.** 그들은 드럼을 **연주할 수 있어.**
허가	**We can go home now.** 우리 이제 집에 **가도 돼.**	**You can watch TV here.** 너 여기서 텔레비전을 **봐도 돼.**

must

조동사 must에는 '~해야 한다'라는 의무의 의미와 함께
'틀림없이 ~이다'라는 추측의 의미도 있어요

의무	**You must get up at 7 tomorrow morning.** 너, 내일 아침에 **꼭** 7시에 **일어나야 돼!**	**I must do my homework now.** 나 지금 숙제**해야 돼.**
추측	**It must rain today.** 오늘 **틀림없이** 비가 **올 거야.**	**You must be hungry now.** 너, 지금 **배고플 거야.**

영어	단어 뜻
1	
2	
3	
4	
5	
6	
7	
8	
9	
10	
11	
12	
13	
14	
15	
16	
17	
18	

너의
책상과 의자는 어때?

우리 집에는 최신형, 최첨단 기능을 가진 책상과 의자가 있어.

이 책상은 말이야, 내가 의자에 앉는 순간 주변의 밝기에 따라 가장 적절한 정도의 조명을 비춰줘. 밤이라면 매우 밝게, 낮에는 적당히 눈이 피로하지 않을 정도로. 때마다 내가 조절할 필요는 없고, 알아서 적당히 해주니까 편리하지. 공부할 과목을 결정하고 얼마 동안 할 건지 시간을 입력하면 과목과 시간에 어울리는 가장 적당한 음악을 틀어주는데, 이 음악을 들으며 공부하면 얼마나 집중이 잘되는지 몰라.

너희 집의 최첨단 책상과 의자는 어떤 기능을 가지고 있니? 네 책상과 의자를 소개하는 글을 can을 활용해서 써보자. 내 책상은 움직일 수도 있고, 노래를 부를 수도 있고, 높이를 조절할 수도 있고…, 이렇게 말이야.

완전 자유롭게!
영어로 자유 글쓰기를 해볼까?

My desk can

Let's play badminton.

Let's ~는 '~를 하자'라는 의미로 상대에게 어떤 행동을 하자고 제안할 때 사용하는 표현이에요. 친구나 가족과 함께 무언가를 하고 싶을 때 이 표현을 사용해볼까요?

STEP 1. 따라 쓰기 ✏️

Let's play badminton.

Let's play badminton.

💡 Let's는 Let us의 줄임말이긴 하지만, 그 의미는 전혀 달라요. Let us는 '우리에게 ~를 하게 허락해달라'고 요구하는 표현이에요. 구분해서 사용해야겠죠? 또 play라는 단어에는 '놀다, 치다, 연주하다'라는 다양한 의미가 담겨 있어요.

STEP 2. 뜻 알기 🔍

Let's play badminton.

우리 같이 _____ 을 치자.

STEP 3. 단어 모으기 👥

badminton	soccer	basketball	
배드민턴			

* play 자리에 들어갈 단어도 떠올려볼까요?

단어 바꿔 쓰기 🔁

soccer	**Let's play** _____ .
basketball	_____
	_____

STEP 5. **문장 만들기** ✏️

우리 같이 축구와 농구를 하자.

Let's play _____ **and** _____ .

우리 축구나 농구 중 하나를 하자.

Let's play _____ **or** _____ .

우리 같이 피아노와 기타를 연주하자.

Let's play the _____ **and the** _____ .

우리 같이 배구를 하고, 집에 가자.

_____ _____

_____ _____ .

우리 같이 저녁을 먹고, 쿠키도 먹자.

_____ _____ .

❓ 단어 힌트

☐ soccer   ☐ basketball   ☐ piano   ☐ guitar   ☐ volleyball
☐ go   ☐ home   ☐ have   ☐ dinner   ☐ cookies

Let's go camping.

Let's go ~ing는 '~하러 가자'라는 의미로 무언가를 하러 함께 가자고 권유할 때 사용하는 표현이에요. 여러분은 무얼 하러 가고 싶은가요?

STEP 1. 따라 쓰기 🖊️

Let's go camping.

Let's go camping.

💡 go + [동사원형]ing는 '~을 하러 가다'라는 뜻이에요. 이때 동사원형 자리에는 스포츠나 신체 활동을 동반하는 여가 활동과 관련된 동사들만 올 수 있어요.

STEP 2. 뜻 알기 🔍

Let's go camping.

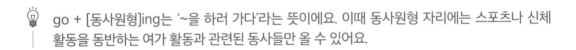

우리 _____ (하러) 가자.

STEP 3. 단어 모으기 👥

camp	drive	climb	
캠핑(야영)하다			

단어 바꿔 쓰기 🔁

drive	Let's go _____.
climb	

STEP 5. 문장 만들기 ✏️

우리, 캠핑과 수영 하러 가자.

Let's go camping and _____.

우리 산책이나 쇼핑 하러 가자.

Let's go _____ **or** _____.

우리 하이킹이나 서핑 하러 가자.

Let's go _____ **or** _____.

우리 스키 타러 가자.

_____.

우리 볼링하러 가자.

_____.

❓ 단어 힌트

☐ swimming   ☐ walking   ☐ shopping   ☐ hiking   ☐ surfing
☐ skiing   ☐ bowling

I will go to school tomorrow.

I will ~은 '나는 ~를 할 거야'라는 의미로 내가 앞으로 할 일에 대해 설명할 때 사용하는 표현이에요. 여러분은 장차 어떤 계획을 가지고 있나요?

STEP 1. 따라 쓰기 ✏️

I will go to school tomorrow.

I will go to school tomorrow.

💡 조동사 will 뒤에는 항상 동사원형을 써야 해요. 오늘의 문장에서 go처럼요. 내가 뭘 할 것인지에 따라서 동사를 바꿔볼 수 있겠죠? 그리고 I will go to ~ 뒤에는 주로 장소를 나타내는 말이 와요.

STEP 2. 뜻 알기 🔍

I will go to school tomorrow.

나는 내일 _____ 에 갈 거야.

STEP 3. 단어 모으기 👥

school	swimming pool	church	
학교			

88

단어 바꿔 쓰기 ⇄

swimming pool	I will go to	.
church		

STEP 5. 문장 만들기 ✏️

나는 오늘 수영장에 갈 거야.

I will go to _____ .

너는 내일 교회에 갈 거야.

_____ **will go to** _____ .

그와 그녀는 내일 서울에 갈 거야.

_____ **and** _____ **will go to** _____ **tomorrow.**

엄마가 오늘 저녁을 할 거야.

_____ .

아빠는 내일 엄마의 차를 운전할 거야.

_____ .

❓ 단어 힌트

☐ church ☐ He ☐ she ☐ Seoul ☐ Mom
☐ cook ☐ dinner ☐ Dad ☐ drive ☐ car
☐ today ☐ tomorrow ☐ mom's ☐ You ☐ swimming pool

5th WEEK MISSION (24)

She will not run.

will not ~은 '~를 하지 않을 것이다'라는 의미로 주어의 계획보다는 의지를 강조할 때 사용하는 표현이에요.

STEP 1. 따라 쓰기 ✏️

She will not run.

She will not run.

💡 조동사의 부정문은 '조동사 + not + 동사'의 순서로 쓰면 됩니다. 오늘의 문장에서 will + not + run처럼요. 오늘의 문장에서 조동사를 can으로 바꿔보면, She can not run.(그녀는 달릴 수 없다.)이 되겠죠?

STEP 2. 뜻 알기 🔍

She will not run.

그녀는 _____ 않을 거예요.

STEP 3. 단어 모으기 👥

run	cry	shout	
달리다			

90

단어 바꿔 쓰기 ⇆

cry	She will not _____ .
shout	

문장 만들기 ✏️

나는 울지 않을 거야.

will not _____ .

아빠는 빨리 걷지 않을 거예요.

_____ **will not** _____ .

나는 내일 운전을 하지 않을 거야.

I will not _____ .

내 여동생은 오늘 밤에 공부하지 않을 거야.

_____ _____ .

_____ .

나는 이번 주말에 수영을 하지 않을 거야.

_____ .

❓ **단어 힌트**

- ☐ cry
- ☐ Dad
- ☐ walk
- ☐ fast
- ☐ drive
- ☐ sister
- ☐ study
- ☐ tonight
- ☐ swim
- ☐ weekend
- ☐ I
- ☐ My
- ☐ this
- ☐ tomorrow

Touch your feet.

Touch ~는 '~를 만져라'라는 의미로, 문장이 동사원형으로 시작하면 그 동작을 하라는 명령의 의미예요. 그래서 Do not run(뛰지 마), Be quite(조용히 해), Start now(지금 출발해) 이런 문장을 명령문이라고 해요.

STEP 1. 따라 쓰기

Touch your feet.

Touch your feet.

💡 '발'은 영어로 foot인데, 왜 feet이라고 썼을까요? 발은 보통 2개가 한 쌍이기 때문에 일반적으로 복수형인 feet을 더 많이 사용해요. 둘 이상의 수를 '복수'라고 하고 단 하나의 사람이나 사물을 나타낼 때는 '단수'라고 해요. ⇨ **단수와 복수의 개념이 궁금하다면 94p**

STEP 2. 뜻 알기 🔍

Touch your feet.

을 만져보세요.

STEP 3. 단어 모으기

feet	nose	ears	
발			

단어 바꿔 쓰기 ⇄

nose	Touch your _____.
ears	

문장 만들기 ✏️

너의 발과 다리를 만져봐.

Touch your _____ **and** _____.

엄마의 머리카락을 만져봐.

Touch _____ _____.

아빠의 코나 입을 만져봐.

Touch _____ _____ **or** _____.

노란색 책을 만져봐.

_____ **the** _____.

책상 위에 있는 분홍색 연필을 만져봐.

_____ **the** _____

_____ _____ _____.

? 단어 힌트

☐ feet   ☐ legs   ☐ mom's   ☐ hair   ☐ dad's
☐ nose   ☐ mouth   ☐ yellow   ☐ book   ☐ on the desk
☐ pencil   ☐ pink

명사의 여러 가지 종류

사물의 이름을 뜻하는 명사는 셀 수 있는 명사인지 아닌지로 구분되고 그 형태가 달라져요. 어떻게 변하는지 살펴볼까요?

셀 수 있는 명사

단수 명사	a/an + 명사	
	a book 책 **한 권** (자음으로 시작하는 명사 앞에는 a)	**an apple** 사과 **한 개** (모음으로 시작하는 명사 앞에는 an)
복수 명사	명사 + s	
	cats 고양이 **여러 마리**	**elephants** 코끼리 **여러 마리**

셀 수 없는 명사

물질 명사	하나하나 셀 수 없는 물질로 구성된 것들이에요. milk(우유), water(물), air(공기) 등.
고유 명사	사람, 지역, 국가 등의 이름을 의미하는 명사예요. Paris(파리), Sally(샐리), Korea(한국) 등.
추상 명사	눈에 보이지 않지만 느낄 수 있는 추상적인 개념을 의미해요. peace(평화), beauty(아름다움), love(사랑) 등.

	영어	단어 뜻
1		
2		
3		
4		
5		
6		
7		
8		
9		
10		
11		
12		
13		
14		
15		
16		
17		
18		

어떤 식당의
주인이 되고 싶니?

나는 햄버거 가게의 주인이 될 거야. 나는 햄버거를 정말 무지막지하게 좋아하거든. 얼마나 좋아하는지 내 생일에 받고 싶은 선물은 종일 햄버거만 먹는 거였다니까. 그래서 나는 결심했어. 어른이 되면 햄버거 가게의 주인이 되기로. 그렇게만 된다면 나는 내가 원하는 햄버거를 직접 만들 수도 있고, 사람들에게 팔아서 돈을 벌 수도 있고, 종일 실컷 햄버거를 먹을 수도 있으니 얼마나 좋겠어?

너는 어떤 식당의 주인이 되고 싶니? 그리고 그 식당에서는 어떤 새로운 메뉴를 팔고 싶니? 내가 가장 좋아하는 친구에게 이 식당을 함께 만들어보자고 제안해볼 거야. Let's 로 시작한다면 문제없겠지?

완전 자유롭게!
영어로 자유 글쓰기를 해볼까?

Freewriting in English

Let's make a restaurant.

When is the school festival?

When is ~는 '~가 언제니?'라는 의미로 어떤 일이 벌어질 시간을 물어볼 때 사용하는 표현이에요. 기다리는 소풍은 언제 가는지, 보고 싶은 그 영화는 언제 개봉하는지 궁금할 때 사용하세요.

STEP 1. 따라 쓰기 ✏️

When is the school festival?

When is the school festival?

💡 시간이나 시기를 묻고 싶을 때는 '언제'라는 의미를 가진 의문사 when을 사용합니다. 문장 맨 앞에 와서 '언제니?'라는 뜻이에요. ⇨ **의문사의 종류가 궁금하다면 122p**

STEP 2. 뜻 알기 🔍

When is the school festival?

학교 _____ 가 언제니?

STEP 3. 단어 모으기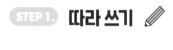

festival	birthday	summer vacation
축제		

단어 바꿔 쓰기 🔁

birthday	When is your _____ ?
summer vacation	When is the _____ ?

문장 만들기 ✏️

엄마의 생신이 언제지?

When is _____ ?

너의 다음 수업은 언제니?

When is _____ ?

너의 겨울방학은 언제니?

When is _____ ?

삼촌의 결혼식은 언제니?

_____ ?

우리의 영어 수업은 언제니?

_____ ?

❓ 단어 힌트

☐ mom's   ☐ next   ☐ class   ☐ winter   ☐ your
☐ vacation   ☐ uncle's   ☐ our   ☐ English   ☐ wedding
☐ birthday

What time do you get up?

What time do you~는 '너는 몇 시에 ~하니?'라는 의미로 어떤 행동을 하는 시간이
궁금할 때 물어보는 표현이에요. 여러분은 몇 시에 일어나고, 몇 시에 잠드나요?

STEP 1. 따라 쓰기 ✏️

What time do you get up?

What time do you get up?

💡 What time과 When 둘 다 '언제'인지 물어보는 표현이지만, What time은 정확한 시간을,
When은 날짜나 계절 등의 더 큰 개념의 시간을 물을 때 사용해요.

STEP 2. 뜻 알기 🔍

What time do you get up?

너는 몇 시에   ?

STEP 3. 단어 모으기 👥

get up	start	sleep	
일어나다			

단어 바꿔 쓰기 🔁

start	**What time do you** _____ **?**
sleep	

STEP 5. 문장 만들기 ✏️

나는 몇 시에 일어나지?

What time do _____ **?**

너는 몇 시에 공부하고 책을 읽니?

What time do you _____ **and** _____ **?**

그는 몇 시에 운전하니?

What time _____ **?**

그녀는 몇 시에 잠자리에 드니?

_____ **?**

나는 오늘 몇 시에 수업이 끝날까?

_____

_____ **?**

❓ 단어 힌트

☐ get up	☐ study	☐ read	☐ books	☐ drive
☐ go to bed	☐ my	☐ finish	☐ class	☐ today
☐ I	☐ she	☐ does	☐ he	☐ do

What is your name?

What is ~는 '~는 무엇인가요?'라는 의미로 무엇인지 물어볼 때 사용하는 표현이에요. 우리는 궁금한 게 너무 많아요. 친구의 이름도 궁금하고요, 친구의 전화번호, 꿈, 좋아하는 색깔도 궁금하죠.

 **STEP 1.** 따라 쓰기 ✏️

What is your name?

What is your name?

💡 한 가지가 궁금할 땐 What is를, 두 가지 이상이 궁금할 때는 What are를 사용해요.

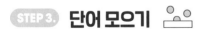 **STEP 2.** 뜻 알기 🔍

What is your name?

너의 _____ 은 뭐니?

STEP 3. 단어 모으기 👥

name	dream	number
이름		

단어 바꿔 쓰기 🔁

dream	**What is your** _____ **?**
number	

STEP 5. **문장 만들기** ✏️

내 이름이 뭐더라?

What is _____ _____ **?**

그의 번호는 몇 번이지?

What is _____ _____ **?**

이 사진들은 무엇일까?

What are _____ **?**

그가 가장 좋아하는 영화는 뭐니?

_____ **?**

네가 가장 좋아하는 색깔은 뭐니?

_____ **?**

❓ 단어 힌트

☐ **name**　　☐ **his**　　☐ **number**　　☐ **these**　　☐ **pictures**
☐ **favorite**　☐ **movie**　☐ **color**　　☐ **my**　　☐ **your**

Where is my watch?

Where is ~는 '~는 어디에 있나요?'라는 의미로 무엇의 위치를 물어볼 때 사용하는 표현이에요. 어디에 뒀는지 생각나지 않을 때, 어디에 있는 건물인지 몰라서 궁금할 때 마음껏 사용해볼까요?

STEP 1. 따라 쓰기 ✏️

Where is my watch?

Where is my watch?

💡 한 가지의 위치를 물어볼 때는 Where is를, 두 가지 이상의 위치를 물어볼 때는 Where are를 사용해요.

STEP 2. 뜻 알기 🔍

Where is my watch?

내 _____ 가 어디에 있을까?

STEP 3. 단어 모으기 👥

watch	bag	book	
손목시계			

104

단어 바꿔 쓰기 🔁

bag	**Where is my** _____ **?**
book	

STEP 5. 문장 만들기 ✏️

너의 큰 가방은 어디에 있니?

Where is _____ **?**

그의 빨간색 차는 어디에 있니?

Where is _____ **?**

나의 아름다운 집은 어디에 있니?

Where is my _____ **?**

엄마 아빠는 어디에 있니?

_____ **?**

그의 시끄러운 개는 어디에 있니?

_____ **?**

? 단어 힌트

☐ **big**　　☐ **bag**　　☐ **his**　　☐ **car**　　☐ **mom**
☐ **dad**　　☐ **noisy**　　☐ **dog**　　☐ **your**　　☐ **house**
☐ **are**　　☐ **beautiful**　　☐ **red**

Where do you swim?

Where do you~는 '너는 어디에서 ~를 하니?'라는 의미로 행동을 하는 장소가 궁금할 때 물어보는 표현이에요. 밥은 어디에서 먹고, 운동은 어디에서 하는지와 같이 장소를 물어볼 때 이 표현을 사용해보세요.

STEP 1. 따라 쓰기 ✏️

Where do you swim?

💡 지금 하는 행동이 궁금할 땐 do, 이전에 했던 행동이 궁금할 땐 did를 사용해요. 그리고 He, She와 같이 주어가 3인칭 단수일 때는 do가 아닌 does를 사용하는 것, 잊지 않았죠?

STEP 2. 뜻 알기 🔍

Where do you swim?

너는 어디에서 _____ 하니?

STEP 3. 단어 모으기 👥

swim	run	drink	
수영하다			

단어 바꿔 쓰기

run	**Where do you** _____ **?**
drink	

STEP 5. **문장 만들기** ✏️

너는 어디에서 달리고 점프하니?

Where do you _____ **and** _____ **?**

나는 어디에서 자고 쉴까?

Where do _____ **and** _____ **?**

그녀는 어디에서 운전을 하나요?

Where does she _____ **?**

그는 어디에서 춤을 추고 노래를 부르나요?

_____

_____ **?**

너는 어디에서 공부했니?

_____ **?**

❓ 단어 힌트

☐ run   ☐ jump   ☐ does   ☐ he   ☐ sleep
☐ drive   ☐ dance   ☐ study   ☐ did   ☐ I
☐ take a rest   ☐ you   ☐ sing a song

a와 the는 언제 붙는 거예요?

영어와 우리말의 가장 큰 차이점 중 하나는 영어는 명사 앞에 '관사'라고 하는 짧은 단어를 붙여준다는 점이에요. 정해지지 않은 여러 가지 중 하나를 말하는 거라면 부정관사인 a나 an을 붙이고요, 어떤 한 가지를 콕 집어 정확히 가리키거나, 세상에 하나밖에 없는 것이라면 정관사인 the를 붙여요. 그런데 이 두 가지를 언제 어떻게 사용해야 할지 헷갈릴 때가 많아서 잘 알아두어야 해요.

부정관사 a, an

a	셀 수 있는 명사의 첫소리가 자음으로 시작할 때 **He is a painter.** 그는 화가이다. (막연한 하나)
an	셀 수 있는 명사의 첫소리가 모음으로 시작할 때 **She works in an office.** 그녀는 사무실에서 일한다. (막연한 하나)

정관사 the

정해진 것	앞에서 언급한 것, 서로 알고 있는 것을 다시 말할 때 **A: Where is my bicycle?** 내 자전거 어디에 있지? **B: The bicycle is in the playground.** 그 자전거는 놀이터에 있더라.
하나밖에 없는 것	세상에 오직 하나밖에 없는 명사 앞 the sun 태양, the moon 달, the sky 하늘

영어	단어 뜻
1	
2	
3	
4	
5	
6	
7	
8	
9	
10	
11	
12	
13	
14	
15	
16	
17	
18	

쉿,
잘 들어봐!

    나는 동물들의 대화를 이해할 수 있는 사람이야. 나만의 특기를 살려 동물원의 사육사가 되었고, 매일 동물들의 대화를 엿듣는 재미로 출근하고 있지.

    어제는 기린 부부가 아웅다웅 싸우더라고. 엄마 기린은 아기 기린을 수학 학원에 보내자고 했는데, 아빠 기린이 반대했거든. 엄마 기린은 아기 기린이 수학에 약하다며 일찍부터 학원에 보내서 공부를 많이 시켜야 한다고 했고, 아빠 기린은 그렇게 하다가 공부에 질려버릴 수도 있다며 계속해서 반대를 했어. 듣고 있던 나는 우리 엄마, 아빠가 떠올라서 피식 웃었어.

    세상에 단 두 사람, 너와 나만이 동물들의 대화를 듣고 이해할 수 있어. 자, 이제 네가 어제와 오늘 엿들은 동물들의 대화를 글로 써줄래? 궁금하구나. 동물들끼리는 서로 뭘 좋아하는지, 어디에 갈 건지, 언제 갈 건지 궁금해하는 편인데, 이런 것들을 이번 주에 공부한 의문문을 활용하여 물어보고 대답하는 대화문으로 만들어줘!

Ⓐ Who are you?

Ⓑ

How is the weather?

How is ~는 '~가 어떤가요?'라는 의미로 무언가의 상태를 물어볼 때 사용하는 표현이에요. 날씨는 어떤지, 통증은 좀 어떤지, 요즘 어떻게 지내는지 등 우리는 궁금할 때가 많아요.

STEP 1. 따라 쓰기 🖊️

How is the weather?

How is the weather?

💡 한 가지의 상태가 궁금할 때는 How is를, 두 가지 이상의 상태가 궁금할 땐 How are를 사용하세요.

STEP 2. 뜻 알기 🔍

How is the weather?

가 어떤가요?

STEP 3. 단어 모으기

weather	movie	food
날씨		

112

단어 바꿔 쓰기 ⇄

movie	How is the _____?
food	

문장 만들기 ✏️

네 다리 좀 어떠니?

How are _____?

그의 새 집은 어때?

How is _____?

그 사탕들은 어때?

How _____ **those** _____?

너의 선생님은 어떠시니?

_____?

부모님은 어떠시니?

_____?

❓ 단어 힌트

☐ your   ☐ legs   ☐ house   ☐ teacher   ☐ new
☐ his   ☐ are   ☐ candies   ☐ parents

How many dogs do you have?

How many ~는 '~가 몇 개 있니?'라는 의미로 수량이 궁금할 때 물어보는 표현이에요. 친구의 필통 안에는 연필이 몇 자루 들어 있는지, 이웃 집에 강아지가 몇 마리 있는지 궁금할 땐 이 표현을 사용해보세요.

STEP 1. 따라 쓰기 ✏️

How many dogs do you have?

How many dogs do you have?

💡 여러 마리가 있을 거라 짐작하고 묻는 것이므로 단수형인 dog이 아닌 복수형 dogs를 사용했어요. 보통은 이렇게 명사에 -s를 붙이면 복수형이 되는데, 예외적으로 s, x, ch, sh로 끝나는 명사에는 -es를 붙여요. **예** bus/buses, box/boxes, wish/wishes, dish/dishes

STEP 2. 뜻 알기 🔍

How many dogs do you have?

너네 _____ 가 몇 마리 있어?

STEP 3. 단어 모으기 👥

dogs	cats	pencils	
개			

114

단어 바꿔 쓰기

cats	How many ___ do you have?
pencils	

STEP 5. **문장 만들기**

책상 위에 지우개가 몇 개 있어?

How many _____ **are on the** _____ **?**

테이블 위에 접시가 몇 개 있어?

How many _____ **are** _____ **?**

부엌에 쿠키가 몇 개 있어?

How many _____ **are** _____ **?**

집 안에 개가 몇 마리 있지?

_____ **?**

교실에 학생들이 모두 몇 명 있지?

_____ **?**

? 단어 힌트

☐ dogs ☐ desk ☐ cookies ☐ are ☐ in the house
☐ dishes ☐ students ☐ erasers ☐ on the table
☐ in the classroom ☐ in the kitchen

Why do you like him?

Why do you like~는 '너는 ~를 왜 좋아하니?'라는 의미로 '~를' 자리에는 사람, 동물, 사물이 다양하게 들어갈 수 있어요. 친구가 '왜' 그것을 좋아하는지 한번 물어볼까요?

STEP 1. **따라 쓰기** 🖊

Why do you like him?

Why do you like him?

💡 오늘의 문장에서 him은 '그를'이라는 의미로, 좋아하는 대상을 가리키는 '목적어'의 역할을 해요. 목적어 자리에 올 수 있는 인칭대명사로는 me(나를), you(너를), him(그를), her(그녀를), it(그것을)이 있어요.

STEP 2. **뜻 알기** 🔍

Why do you like him?

너는   를 왜 좋아하니?

STEP 3. **단어 모으기** 👥

him	her	dogs	
그를			

116

단어 바꿔 쓰기 ⇄

her	**Why do you like** _____?
dogs	

STEP 5. **문장 만들기** ✏️

너는 왜 고양이를 좋아하니?

Why do you like _____?

너는 왜 빨간색과 파란색을 좋아하니?

Why do you like _____ **and** _____?

나는 왜 너를 좋아할까?

Why do _____ **like** _____?

너는 왜 아빠와 엄마를 사랑하니?

_____ ?

나는 왜 하늘과 구름을 좋아할까?

_____ **the**

_____ ?

? **단어 힌트**

☐ cats ☐ red ☐ blue ☐ love ☐ dad
☐ mom ☐ sky ☐ clouds ☐ I ☐ you

Why are you crying?

Why are you ~는 '너는 왜 ~하고 있니?'라는 의미로 상대방이 지금 그 행동을 하는 이유가 궁금할 때 사용하는 표현이에요. 여러분은 지금 왜 영어 공부를 하고 있나요? 궁금해요!

STEP 1. **따라 쓰기** 🖍

Why are you crying?

Why are you crying?

💡 오늘의 문장에서 are와 crying 자리에는 'be동사+동사ing'를 넣어주면 돼요. '~하고 있다'라는 의미가 있는데요, 지금 왜 울고 있는지, 지금 왜 걷고 있는지, 지금 왜 뛰고 있는지 물어보는 거죠.

STEP 2. **뜻 알기** 🔍

Why are you crying?

너는 왜 _____ 있니?

STEP 3. **단어 모으기** 👥

cry	talk	laugh
울다		

단어 바꿔 쓰기

talk	**Why are you** ?
laugh	

STEP 5. **문장 만들기** 🖉

너는 왜 울면서 먹고 있니?

Why are you and ?

나는 왜 소리를 지르면서 춤을 추고 있을까?

Why am I and ?

우리는 왜 영어 공부를 하고 있을까?

Why are we ?

그녀는 왜 운전을 하고 있을까?

?

아빠는 왜 텔레비전을 보면서 울고 있을까?

?

❓ 단어 힌트

☐ crying ☐ shouting ☐ dad ☐ dancing ☐ studying
☐ English ☐ driving ☐ eating ☐ she ☐ is
☐ watching TV

Who are you?

Who are ~는 '~는 누구니?'라는 의미로 누구인지 궁금할 때 사용해요. 상대방이 궁금하거나, 상대방의 엄마가 궁금하거나, 때론 나 자신이 궁금하기도 하죠!

STEP 1. 따라 쓰기 🖊️

Who are you?

Who are you?

💡 주어에 맞는 be동사를 다시 한번 확인해볼까요? 주어가 I일 때는 am을, 주어가 you, we, they일 때는 are를, 주어가 he, she, it일 때는 is를 사용해요.

STEP 2. 뜻 알기 🔍

Who are you?

는 누구니?

STEP 3. 단어 모으기 👥

you	they	she	
너			

120

단어 바꿔 쓰기

they	Who are ____ ?
she	

STEP 5. **문장 만들기** 🖊

나는 누구일까?

Who ____ **I?**

그는 누구니?

Who is ____ **?**

너희 엄마는 누구시니?

Who ____ ____ **?**

너의 선생님은 누구시니?

____ ____ **?**

당신의 학생은 누구인가요?

____ ____ **?**

❓ 단어 힌트

☐ am   ☐ he   ☐ mom   ☐ student   ☐ your
☐ teacher   ☐ is

의문사들을 알아보아요

궁금한 것이 있을 땐 의문문을 만들어야겠죠? 누가, 언제, 어디서, 무엇을, 어떻게, 왜 등 궁금증의 초점이 무엇이냐에 따라서 각각 다른 단어를 써요. 이렇게 문장을 의문문으로 만들기 위해 사용하는 단어를 의문사라고 불러요.

의문사	궁금증의 초점	예문
When	언제 (시간, 날짜)	When is your birthday? 네 생일은 언제니?
Where	어디 (장소)	Where is your school? 네 학교는 어디니?
Who	누구 (사람)	Who is your younger sister? 네 여동생이 누구니?
What	무엇	What is your name? 네 이름은 뭐니?
How	어떻게, 얼마나 (상태, 규모, 방법)	How is the weather today? 오늘 날씨가 어떠니? How big is the lion? 사자는 얼마나 크니?
Why	왜 (이유)	Why are you so sleepy? 너 왜 그렇게 졸려 하니?
Which	어느 것, 어떤 것	Which is yours? 어느 것이 네 거니?

7th WEEK 나만의 단어장

이번 주에 **새롭게 모은 단어**를 떠올려
나만의 단어장을 만들어보세요.

	영어	단어 뜻
1		
2		
3		
4		
5		
6		
7		
8		
9		
10		
11		
12		
13		
14		
15		
16		
17		
18		

오늘은 내가
우리 반 담임 선생님!

우리 반에는 재미있는 제도가 있는데, 제비뽑기로 뽑힌 한 사람이 하루 동안 담임 선생님의 역할을 맡아서 공부를 가르치는 선생님의 역할을 해. 1년에 딱 두 번의 기회가 있는데, 오늘이 바로 그날! 그리고 그 행운의 주인공은 바로 너야. 어제 있었던 제비뽑기에서 당당히 당첨되었거든. 너는 오늘 하루 동안 우리 반의 선생님으로 변신하여 마음대로 시간을 보낼 수 있어.

선생님이 된 너는 내일 하루를 어떻게 보낼 계획이니? 담임 선생님이 되어 반 아이들과 나눌 대화들, 할 일들을 자유롭게 적어보자!

I will이라는 문장을 마음껏 활용해보면 좋겠지?

완전 자유롭게!
영어로 자유 글쓰기를 해볼까?

Freewriting in English

I am a new teacher.

특별 부록

중학교 영어 글쓰기
수행평가 공부법

김수린 선생님(중학교 영어교사)

Q.
어떻게 출제하고
채점하나요?

중학생이 되면 가장 걱정되는 부분이 바로 '시험'입니다. 부모님께서 중학교에 다니던 시절처럼 1년에 4번 시험만 친다면 간단할 텐데, 요즘은 수행평가라는 것도 생겼습니다. 게다가 그 수행평가의 비중이 점점 커진다고 하니 더 걱정이 되지요. 도대체 수행평가가 무엇이며, 이 비중이 왜 커지고 있을까요?

수행평가는 학생이 직접 과제를 수행하는 과정과 그 결과를 통해 학습 능력을 평가하는 활동입니다. 지필고사는 5개의 선택지 중에서 하나를 고르는 것이었다면, 수행평가는 답을 서술하거나 그 선택지를 고른 이유를 설명하는 것이라고 할 수 있지요. 배운 내용을 제대로 알고 있는지 확인할 수 있는 평가 방법입니다. 하지만 수행평가를 하는 이유가 지식을 정확하게 알고 있는지 확인하기 위해서만은 아닙니다. 학생들의 성장과 배움에 도움이 되는 평가 방법이기 때문이지요.

수행평가의 유형은 다양하지만 크게 논술, 구술, 발표, 토론, 프로젝트로 볼 수 있습니다. 배운 것을 활용하여 표현하는 것이죠. 표현하는 방법 중에서 말하기와 글쓰기는 가장 기본적인 방법입니다. 그래서 영어뿐 아니라 다른 과목에서도 많이 사용합니다. 수업에서 배운 내용을 스스로 정리하여 직접 서술하는 것만큼 좋은 공부 방법은 없습니다. 그렇다면 영어 선생님들은 글쓰기 수행평가를 어떻게 출제하고 채점할까요?

먼저, 수행평가 형식은 학기 초 수업 시간 중에 학생들에게 공지됩니다. 그리고 학부모를 위해 학교 홈페이지에도 공지됩니다. 평가 영역과 종류, 시기, 방법에 대한 정보가 나와 있어 미리 학습 계획을 세울 수 있지요. 학기 초에 미리 알려준다고 해서 학생들이 각자 알아서 준비해야 하는 것은 아닙니다. 특히 수행평가 글쓰기는 일기나 편지처럼 개인적인 내용을 자유롭게 쓰는 것이 아니기 때문에 수업 시간에 관련 문법을 배우고, 주제와 형식에 맞게 연습하는 시간을 갖습니다.

예를 들어볼까요?

중학교 1학년 영어 글쓰기의 가장 일반적인 주제는 바로 '소개하기'입니다. 대부분의 1학기 교과서에는 나 자신 혹은 가족에 대한 이야기가 나오거든요. 그리고 언어 형식은 '동사의 현재형'이 나옵니다. 영어 동사의 가장 기본인 '현재형'을 활용하여 '나 자신 소개하기'를 수행평가 주제로 정할 수 있습니다.

다음 예시를 살펴보세요.

영어 글쓰기 수행평가 예시

1. 주제: 내가 좋아하는 것 소개하기

2. 활용할 언어 형식

- I am ~

- I like ~

- I want ~

3. 조건

- 10문장 이상으로 작성할 것

- 위 언어 형식을 2개 이상 포함할 것

- 문장 부호를 바르게 쓸 것

4. 평가 요소

- 주제에 관련하여 일관성 있게 작성하였는가?

- 사용한 어휘와 표현이 자연스러운가?

- 문법, 어휘, 철자에 오류가 없는가?

- 조건에 맞게 글을 썼는가?

대개 글쓰기 수행평가는 수업 중 문장 쓰는 연습을 한 후 실시합니다. 특히 중학교 1학년 1학기는 학생들이 영어 글쓰기 경험이 거의 없는 상태이기 때문에 수행평가를 위한 문장의 개수나 조건이 적은 편이죠. 하지만 학년이 올라갈수록 문장 수나 사용해야 하는 언어 형식이나 조건이 늘어납니다.

글쓰기 수행평가를 잘 받기 위해서는 문제를 잘 읽어야 합니다. 글쓰기 주제가 무엇이며 꼭 지켜야 할 조건은 무엇인지, 그리고 선생님이 채점하는 기준이 무엇인지 잘 파악해야 합니다. 조건과 기준에 부합하여 바른 글씨로 또박또박 적으면 충분히 좋은 결과를 받을 수 있습니다.

영어 수행평가 글쓰기는 정확성과 유창성을 모두 갖춰야 합니다. 평가하고자 하는 언어 형식만큼은 정확하게 써야 하고요. 주제와 관련된 글을 쓴다면 어휘나 문법의 오류가 약간 있더라도 크게 감점되지 않습니다. 물론 선생님이 평가하고자 하는 언어 형식에 오류가 없어야 하지요. 영어를 잘하지만 평가 요소를 챙기지 않아 만점을 받지 못하는 학생도 있고, 영어에 서툴지만 최대한 필요한 문장을 잘 적어서 높은 점수를 받는 학생도 있습니다.

이 책은 중학교 글쓰기에 큰 도움이 될 수 있게 구성되었습니다. 매일 다른 패턴의 영어 문장을 제시하고, 일부 단어를 바꿔보는 연습을 하면서 그 패턴을 완전히 내 것으로 만들 수 있게 했습니다. 이런 훈련을 계속해서 하다 보면 영어 문장을 정확하게 쓸 수 있게 될 뿐만 아니라 영어를 자유롭고 유창하게 사용할 수 있게 됩니다. 특히 영어 문장에서 가장 중요한 동사, 그중에서도 현재형 동사를 반복해서 활용하는 연습은 중학교 1학년에 나오는 과정이기도 합니다. 이 책을 잘 활용하여 초등학교에서 영어 자신감을 키우고, 이를 바탕으로 중학교 영어 과정을 좀 더 단단하게 준비하시길 바랍니다.

Q.
어떤 주제들이
주로 출제되나요?

선생님들은 수행평가 주제를 어떻게 정할까요?

바로 교과서입니다. 교과서에 나오는 소재와 내용이 수행평가의 주제가 됩니다. 영어 교과서는 13개 종류가 있고 각 교과서에서 다루는 글은 다르지만 주제는 거의 동일합니다. 그 이유는 '교육과정'이라는 국가에서 정한 소재를 바탕으로 교과서를 만들기 때문이지요. 교육과정에서 제시하는 소재는 다음과 같습니다.

1. 개인생활에 관한 내용
2. 가정생활과 의식주에 관한 내용
3. 학교생활과 교우 관계에 관한 내용
4. 사회생활과 대인 관계에 관한 내용
5. 취미, 오락, 여행, 건강, 운동 등 여가 선용에 관한 내용
6. 동식물 또는 계절, 날씨 등 자연 현상에 관한 내용
7. 영어 문화권에서 사용되는 다양한 의사소통 방식에 관한 내용
8. 다양한 문화권에 속한 사람들의 일상생활에 관한 내용
9. 우리 문화와 다른 문화의 언어적, 문화적 차이에 관한 내용
10. 우리의 문화와 생활양식을 소개하는 데 도움이 되는 내용
11. 공중도덕, 예절, 협력, 배려, 봉사, 책임감 등에 관한 내용
12. 환경 문제, 자원과 에너지 문제, 기후 변화 등 환경 보전에 관한 내용
13. 문학, 예술 등 심미적 심성을 기르고 창의력, 상상력을 확장할 수 있는 내용
14. 인구 문제, 청소년 문제, 고령화, 다문화 사회, 정보 통신 윤리 등 변화하는 사회에 관한 내용
15. 진로 문제, 직업, 노동 등 개인 복지 증진에 관한 내용

16. 민주 시민 생활, 인권, 양성평등, 글로벌 에티켓 등 민주 의식 및 세계 시민 의식을 고취하는 내용
17. 애국심, 평화, 안보 및 통일에 관한 내용
18. 정치, 경제, 역사, 지리, 수학, 과학, 교통, 정보 통신, 우주, 해양, 탐험 등 일반 교양을 넓히는 데 도움이 되는 내용
19. 인문학, 사회 과학, 자연 과학, 예술 분야의 학문적 소양을 기를 수 있는 내용

<출처: 2015 영어과 교육과정 >

위의 소재로 영어 교과서가 구성되어 있고, 교과서 내용으로 수행평가 글쓰기도 출제됩니다. 선생님마다 평가하고자 하는 단원이나 내용이 다르기 때문에 정확하게 "이렇게 나옵니다"라고 말할 수 없지만, 일반적인 유형은 다음과 같습니다.

- **소개하기**: 나 자신, 가족, 친구, 학교, 좋아하는 것(인물), 우리 마을, 우리 나라 등
- **목적에 맞는 글쓰기**: 광고 글, 팸플릿, 포스터, 안내문, 경고문, 일기, 편지, 초대장 등
- **요약하기**: 교과서 본문, 읽은 책 등
- **조사하여 보고서 쓰기**: 직업, 환경, 미술작품, 인물, 다른 나라 문화 등
- **내용 정리**: 미니북 만들기, 단어장 제작, 문법 사전 만들기, 수업 소감문 쓰기 등

예를 들어, 영어 교과서에 '음식'에 관한 내용이 나왔다면, 내가 좋아하는 음식 레시피 쓰기, 메뉴판 만들기, 다른 나라 음식 조사하여 보고서 쓰기 등이 출제될 수 있습니다. 이처럼 학생들의 학습 능력을 평가하는 기준과 범위는 수업 내용과 교과서를 벗어나지 않습니다. 선생님이 수업 시간에 특히 강조하는 부분에 주의를 기울이고, 교과서에서 다루는 주제들만 잘 살펴보아도 수행평가에 대한 막연한 두려움을 떨칠 수 있을 거예요.

직접 한번 써볼까?

나의 장래희망
소개하기

1. 주제: 나의 장래희망 소개하기

2. 조건

1) ① 관심사나 특기 ② 장래희망 ③ 그에 관한 계획이 내용에 모두 들어가도록 쓰시오.

2) 다음 언어 형식을 3가지 이상 사용하시오.

① I want   ② I love   ③ I will   ④ I am going to

3) 15문장 이상으로 작성하시오. (단, 한 문장을 4단어 이상으로 작성할 것)

I like soccer.(×)   I like to play soccer.(○)

3. 평가 요소

① 주어진 조건을 충족하였는가?

② 내용이 구체적이고 글의 흐름이 논리적이고 일관성 있는가?

③ 언어 사용에 오류가 없는가?

여행지
소개하기

---

1. 주제: 여행지 소개하기

2. 조건

   1) ① 여행지에서 겪은 일 ② 먹은 음식 ③ 날씨

      ④ 방문한 곳 중 2가지 내용을 포함하시오.

   2) 다음 언어 형식을 모두 사용하시오.

      ① I enjoy ~ing   ② 최상급(the -est)   ③ there is~ 또는 there are~

   3) 80단어 이상으로 작성하시오.

3. 평가 요소

   ① 주어진 조건을 충족하였는가?

   ② 내용이 구체적이고 글의 흐름이 논리적이고 일관성 있는가?

   ③ 언어 사용에 오류가 없는가?

우리나라 역사적인 장소
소개하기

1. 주제: 우리나라 역사적인 장소 소개하기

2. 조건

    1) 편지 형식으로 작성하기

    2) 장소에 대한 정보(위치, 만들어진 시기, 특징 등)를 포함하시오.

    3) 다음 언어 형식을 모두 사용하시오.

        ① be interested in   ② 비교급(~er than~)

    4) 20문장 내외로 작성하시오.

3. 평가 요소

    ① 주어진 조건을 충족하였는가?

    ② 내용이 구체적이고 글의 흐름이 논리적이고 일관성 있는가?

    ③ 언어 사용에 오류가 없는가?

나의 장래희망
소개하기

I love to watch movies. ❶ I have been watching movies on Saturdays since I was eight. The movie was a whole new world to me. In the movie, everything happens. There are dinosaurs running in the city, and Harry Potter enters Hogwart to be a wizard. And it's so wonderful to watch those movies and imagine what I would probably do if I were Harry Potter or Indiana Jones. ❷

I want to be a movie director ❸ because I love movies. When I was twelve, I had a chance to make a movie. My role was a director, and it was so fun to decide which scene to shoot first and where to put the camera and shoot. And I think I did it well. ❹

First, **I will go to Korean National University of Arts** ❺ because there are pretty many classes related to movies. After I graduate from the university, I'm going to start making short movies and save up money because to make a movie like *Parasite*, I will need money. When I have enough money, I want to challenge myself to shoot a feature film. ❻

수행평가
탐안 예시
이규현
(중학교 1학년)

김수린 선생님
코멘트

❷ 영화를 좋아하는 이유와 계기를 일관성 있게 잘 적었습니다.

❹ 꿈을 가지게 된 이유와 과거의 경험을 장래희망과 잘 연결했습니다.

❻ 장래희망을 이루기 위해 자신의 목표와 계획을 구체적으로 연결했습니다.

COMMENT

주어진 조건에 있는 내용 및 언어 형식을 모두 사용하여 기술했습니다. 한 문장을 4단어 이상으로 구성하고, 다채로운 표현과 어휘를 사용했습니다. 문제에 제시한 조건을 모두 지켜서 글을 쓰는 것은 영어 글쓰기 수행평가의 가장 기본이자 핵심입니다. 이 부분을 꼼꼼하게 잘 지켜 서술한 점이 돋보입니다.

I have been watching~, if I were~ 등 일부 언어 형식과 어휘는 중학교 3학년 수준으로, 작성자의 높은 수준을 보여줍니다. 관심사, 장래희망, 앞으로의 계획 순으로 자신의 꿈을 잘 서술했으며, 특히 ❶❸❺의 핵심 문장 뒤에 구체적인 예시를 제시하여 글이 논리적으로 연결되고 일관성 있습니다.

I want to introduce Canada. **Canada, the second greatest country in the world①** is unexpectedly underpopulated. I have lived in Canada for 10 months.

During the period, **I enjoyed having poutine.②** Poutine is a kind of french fries that has extraordinary sauce on it. Also, I could taste some sweet snack called bieber tail. What I most love about bieber tail is that I can choose toppings on my taste. You may have heard of maple syrup. **Maple syrup is the most famous specialty of Canada.③** The syrup is made from maple trees, which is widely distributed in Canada.

Most regions in Canada are cold, but Vancouver Island, where I stayed has a warm and sunny weather. Because the weather is mild, **there are many old people④** spending their last period of lifetime in the island. I wish I will be able to do that too.

수행평가
답안 예시
이규현
(중학교 1학년)

142

김수린 선생님
코멘트

❶ 위치에 콤마(,)가 빠졌습니다. 문장 부호는 글에서 중요한 역할을 하므로 잘 지켜서 사용해야 합니다.

주어진 조건에 있는 내용 및 언어 형식을 모두 사용하여 기술했습니다. 문법적인 오류도 거의 없고, 자신의 생각과 경험을 유창하게 영어로 잘 적었습니다. 다만 아주 조금 아쉬운 점이 있습니다. 내용에서 poutine, bieber tail, maple syrup 이렇게 세 가지 음식을 소개했는데요. 한두 가지 음식에 대한 경험과 설명을 구체적으로 서술하는 것이 좋겠습니다. 특히, 문제의 조건에서 단어 수를 제한할 경우 많은 정보를 나열하는 것보다 한두 가지의 정보를 자세하게 서술하는 것이 논리적인 글입니다.

Hey! **Are you interested in Korean culture?**❶ If so, I want to introduce Seokguram.❷ Seokguram is one of the most famous statues in Korea. It was built by Kim Dae Seong in 751 and it took twenty years to finish the construction.

Seokguram was designed ~~to not~~❸ be damaged by moisture, and it really had not been damaged until Japan poured concrete all over the statue. Because of Japan's terrible work on seokguram,❹ it has lost its function. So nowadays, there is a dehumidifier in the cave. Also, you can't enter the cave where the statue is located because there is a wall made of glass at the entrance.❺

I have been there during the summer break, and I was pretty shocked because **the statue was much bigger and more beautiful than I had imagined.**❻ If you get a chance to come to Korea, I sincerely recommend you to visit Seokguram.❼

수행평가
답안 예시
이규현
(중학교 1학년)

144

❷❹❼ 장소 이름은 대문자로 시작합니다. Seokguram

❸ not to의 순으로 적어야 맞습니다. 1학년 교과서에 나오지 않은 언어 형식이라 감점 요소는 아니지만, 2학년 이상 to 부정사를 배운 학생의 답안지라면 감점 요소가 될 수 있습니다.

❺ 소개하는 장소에 대한 묘사가 돋보입니다.

❻ 한 문장이 너무 깁니다. 다음과 같이 짧은 문장으로 나누어 적으면 내용이 더욱 잘 전달됩니다. I went there during the summer. / I was pretty shocked. / The statue was much bigger and more beautiful than I had imagined.

COMMENT

주어진 조건에 있는 내용 및 언어 형식을 모두 사용하여 기술했습니다. 문법적인 오류도 거의 없고, 유창하게 아주 잘 적었습니다. 특히, 석굴암에 관한 역사적이고 객관적인 사실에 자신의 경험을 자연스럽게 보태어 소개하는 부분이 돋보이네요.

단, 일부 문장이 너무 길어요. 특히 편지글은 간결하게 적어야 하고, 일반적인 영어 글도 접속사(and, but)를 많이 쓰지 않는 것이 좋아요. 문장이 길고 접속사가 많으면 글이 지루해지거든요. 그리고 편지 형식의 글에 맞게 마지막에 Your friend, Kyuhyeon과 같은 말을 추가하면 더욱 좋습니다.

1st WEEK MISSION #01 — p.28

STEP2. 나는 **부엌**에 있어.

STEP3. 도서관, 방

STEP4. I'm in a **library**.

I'm in a room.

STEP5. You're in my **grandma's** kitchen.

He is in a **small** room.

We are in a **dark** classroom.

She is in a yellow room.

I'm in a beautiful garden.

1st WEEK MISSION #02 — p.30

STEP2. 당신은 **조종사**이시군요!

STEP3. 선생님, 요리사

STEP4. You are a **teacher**.

You are a cook.

STEP5. You are a **handsome** student!

He is a **tall teacher**.

I am a **pretty flower**.

She is an old cook.

You are a lovely rabbit.

1st WEEK MISSION #03 — p.32

STEP2. **이 사람**은 케이트야.

STEP3. 저 사람/그 사람, 엘사

STEP4. **That** is Kate.

This is Elsa.

STEP5. **This is** Mickey.

That is **Jane's sister**.

That is **Sally's dad**.

This is Billy's teacher.

That is Kate's mom.

1st WEEK MISSION #04 — p.34

STEP2. 너는 **학생**이니?

STEP3. 의사, 운전기사

STEP4. Are you a **doctor**?

Are you a driver?

STEP5. Are you an **artist**?

Is he a **bus driver**?

Is she a **student** or a **teacher**?

Am I a man or an animal?

Are you a taxi driver or a bus driver?

1st WEEK MISSION #05 — p.36

STEP2. 이거, 너의 **모자**니?

STEP3. 드레스, 책

STEP4. Is this your **dress**?

Is this your book?

STEP5. Is this **your notebook**?

Is **that your car**?

Are these **your shoes**?

Is this his cup?

Is that her house?

2nd WEEK MISSION #06 — p.42

STEP2. 나 지금 **머리**가 아파.

STEP3. 배 아픔/복통, 이 아픔/치통

STEP4. I have a **stomachache**.

I have a toothache.

STEP5. I have a **headache** and a **tootheache**.

You have a **stomachache**.

Dad has a **stomachache** and a **headache**.

You have a toothache and a stomachache.

Mom has a stomachache and a headache.

2nd WEEK MISSION #07 —— p.44

STEP2. 너는 매일 **운동**을 하는구나.

STEP3. 달리다, 공부하다

STEP4. You **run** every day.

You study every day.

STEP5. You **study** and **dance** every day.

He **runs** every day.

She **cooks** and **reads** a book every day.

I sing a song and dance every day.

You cry and shout every day!

2nd WEEK MISSION #08 —— p.46

STEP2. 그는 **박물관**에 갔다.

STEP3. 서점, 미용실

STEP4. He went to a **bookstore**.

He went to a hairshop.

STEP5. **You** went to a **hairshop**.

I went to a **museum** and a **theater**.

She went to a **big park**.

You went to school yesterday.

I went to grandma's house last week.

2nd WEEK MISSION #09 —— p.48

STEP2. 나는 **비행기**를 원해요.

STEP3. 연필, 사과

STEP4. I want a **pencil**.

I want an apple.

STEP5. I want an **airplane** or a **car**.

He wants a **red** cap and a **yellow** cap.

She wants a **big bag** and a **small mirror**.

You want a thick book.

I want a beautiful garden and a pink bag.

2nd WEEK MISSION #10 —— p.50

STEP2. 우리는 쿠키를 **만들고** 싶어.

STEP3. 점프하다, 춤추다

STEP4. We want to **jump**.

We want to dance.

STEP5. We want to make a **great house**.

I want to **sing a song**.

He wants to **dance** and **run**.

You want to read a book.

I want to play the piano or play the drum. (*해설: 악기 앞에는 정관사 the를 사용한다.)

3rd WEEK MISSION #11 —— p.56

STEP2. 너, **자** 갖고 있니?

STEP3. 연필, 가방

STEP4. Do you have a **pencil**?

Do you have a bag?

STEP5. Do you **have** a pink **bag**?

Does he have a **car**?

Do I have a **pencil** or an **eraser**?

Do you have a cute cat?

Do you have a pink pencil and a black pencil?

3rd WEEK MISSION #12 —— p.58

STEP2. 나는 일찍 **일어나지** 않아.

STEP3. 읽다, 마시다

STEP4. I don't **read**.

I don't drink.

STEP5. I don't **read a book** and **study English**.

You don't eat **bread** and **cheese**.

He doesn't get up early.

She doesn't read a book.

You don't study English and science.

3rd WEEK MISSION #13 —— p.60

STEP2. 걔는 **당근**을 안 먹어.

STEP3. 토마토, 피자

STEP4. He doesn't eat **tomatoes**.

He doesn't eat pizza.

STEP5. **He** doesn't eat **chicken**.

I don't **eat tomatoes**.

I don't **eat cucumbers and carrots**.

She doesn't eat grapes and peaches.

You don't eat mushrooms.

3rd WEEK MISSION #14 —— p.62

STEP2. 우리는 **비 오는** 날을 좋아하지 않아요.

STEP3. 구름 낀, 화창한

STEP4. We don't like **cloudy** days.

We don't like sunny days.

STEP5. **I** don't like **snowy** days.

Mom doesn't like **cloudy** days and **rainy** days.

Tom doesn't like **sunny** days.

Dad doesn't like rainy days and snowy days.

He doesn't like hot days.

3rd WEEK MISSION #15 —— p.64

STEP2. 너는 **낚시**를 좋아하니?

STEP3. 걷다, 수영하다

STEP4. Do you like **walking**?

Do you like swimming?

STEP5. Do you like **swimmimg** and **fishing**?

Do you like **swimmimg** or **walking**?

Do I like **studying**?

Does she like walking?

Does he like driving and swimming?

4th WEEK MISSION #16 —— p.70

STEP2. 나는 빨리 **달릴** 수 있어.

STEP3. 수영하다, 운전하다

STEP4. I can **swim**.

I can drive.

STEP5. You can **run slowly**.

Dad **can drive fast**.

Mom can **cook** and **swim** fast.

I can swim and run fast.

He can drive and walk fast.

4th WEEK MISSION #17 —— p.72

STEP2. 우리는 오늘 밤에 **춤출** 수 없어.

STEP3. 운전하다, 읽다

STEP4. We can't **drive**.

We can't read.

STEP5. **I** can't **have** breakfast.

You can't **have breakfast and lunch**.

Dad **can't drive fast**.

Mom can't drive slowly.

Dad and mom can't swim.

4th WEEK MISSION #18 —— p.74

STEP2. 너, **수영**할 수 있니?

STEP3. 점프하다, 운전하다

STEP4. Can you **jump**?

Can you drive?

STEP5. Can **I swim**?

Can he **jump** and **run**?

Can **you drive** or **fish**?

Can she dance and sing a song?
Can I play soccer and basketball?

4th WEEK MISSION #19 — p.76

STEP2. 나 지금 **가야**만 해.

STEP3. 자다, 수영하다

STEP4. I must **sleep** now.
I must swim now.

STEP5. I **must go** to **school** now.
You must **go** to **bed** now.
Dad must **drive** slowly.
I must study and read books.
We must play the piano and the drum everyday.

4th WEEK MISSION #20 — p.78

STEP2. 나 지금 **자도** 될까?

STEP3. 공부하다, 앉다

STEP4. May I **study** here?
May I sit here?

STEP5. May I **help** you?
May I **come** in?
May I **see** your **book** and **notebook**?
May I sleep in your room?
May I study with your book?

5th WEEK MISSION #21 — p.84

STEP2. 우리 같이 **배드민턴**을 치자.

STEP3. 축구, 농구

STEP4. Let's play **soccer**.
Let's play basketball.

STEP5. Let's play **soccer** and **basketball**.
Let's play **soccer** or **basketball**.
Let's play the **piano** and the **guitar**.

Let's play volleyball and go home.
Let's have dinner and cookies.

5th WEEK MISSION #22 — p.86

STEP2. 우리 **캠핑**(하러) 가자.

STEP3. 운전하다, 등산하다

STEP4. Let's go **driving**.
Let's go climbing.

STEP5. Let's go camping and **swimming**.
Let's go **walking** and **shopping**.
Let's go **hiking** and **surfing**.
Let's go skiing.
Let's go bowling.

5th WEEK MISSION #23 — p.88

STEP2. 나는 내일 **학교**에 갈 거야.

STEP3. 수영장, 교회

STEP4. I will go to **swimmimg pool**.
I will go to church.

STEP5. I will go to **swimmimg pool today**.
You will go to **church tomorrow**.
He and **she** will go to **Seoul** tomorrow.
Mom will cook dinner today.
Dad will drive mom's car tomorrow.

5th WEEK MISSION #24 — p.90

STEP2. 그녀는 **달리지** 않을 것이다.

STEP3. 울다, 소리 지르다

STEP4. She will not **cry**.
She will not shout.

STEP5. I will not **cry**.
Dad will not **walk fast**.
I will not **drive tomorrow**.

My sister will not study tonight.

I will not swim this weekend.

5th WEEK MISSION #25 —— p.92

STEP2. <u>발</u>을 만져보세요.

STEP3. 코, 귀

STEP4. Touch your <u>nose</u>.

Touch your ears.

STEP5. Touch your <u>feet</u> and <u>legs</u>.

Touch <u>mom's hair</u>.

Touch <u>dad's</u> <u>nose</u> or <u>mouth</u>.

Touch the yellow book.

Touch the pink pencil on the desk.

6th WEEK MISSION #26 —— p.98

STEP2. 학교 <u>축제</u>가 언제니?

STEP3. 생일, 여름방학

STEP4. When is your <u>birthday</u>?

When is the <u>summer vacation</u>?

STEP5. When is <u>mom's birthday</u>?

When is <u>your next class</u>?

When is <u>your winter vacation</u>?

When is uncle's wedding?

When is our English class?

6th WEEK MISSION #27 —— p.100

STEP2. 너는 몇 시에 <u>일어나니</u>?

STEP3. 시작하다, 자다

STEP4. What time do you <u>start</u>?

What time do you sleep?

STEP5. What time do <u>I get up</u>?

What time do you <u>study</u> and <u>read books</u>?

What time <u>does he drive</u>?

What time does she go to bed?

What time do I finish my class today?

6th WEEK MISSION #28 —— p.102

STEP2. 너의 <u>이름</u>은 뭐니?

STEP3. 꿈, 번호

STEP4. What is your <u>dream</u>?

What is your number?

STEP5. What is <u>my name</u>?

What is <u>his number</u>?

What are <u>these pictures</u>?

What is his favorite movie?

What is your favorite color?

6th WEEK MISSION #29 —— p.104

STEP2. 내 <u>손목시계</u>가 어디에 있을까?

STEP3. 가방, 책

STEP4. Where is my <u>bag</u>?

Where is my book?

STEP5. Where is <u>your big bag</u>?

Where is <u>his red car</u>?

Where is my <u>beautiful house</u>?

Where are mom and dad?

Where is his noisy dog?

6th WEEK MISSION #30 —— p.106

STEP2. 너는 어디에서 <u>수영</u>하니?

STEP3. 달리다, 마시다

STEP4. Where do you <u>run</u>?

Where do you drink?

STEP5. Where do you <u>run</u> and <u>jump</u>?

Where do <u>I sleep</u> and <u>take a rest</u>?

Where does she <u>drive</u>?

Where does he dance and sing a song?

Where did you study?

7th WEEK MISSION #31 —— p.112

STEP2. 날씨가 어떤가요?

STEP3. 영화, 음식

STEP4. How is the **movie**?

How is the food?

STEP5. How are **your legs**?

How is **his new house**?

How **are** those **candies**?

How is your teacher?

How are your parents?

7th WEEK MISSION #32 —— p.114

STEP2. 너네 **개**가 몇 마리 있어?

STEP3. 고양이, 연필

STEP4. How many **cats** do you have?

How many pencils do you have?

STEP5. How many **erasers** are on the **desk**?

How many **dishes** are **on the table**?

How many **cookies** are **in the kitchen**?

How many dogs are in the house?

How many students are in the classroom?

7th WEEK MISSION #33 —— p.116

STEP2. 너는 **그**를 왜 좋아하니?

STEP3. 그녀를, 개를

STEP4. Why do you like **her**?

Why do you like dogs?

STEP5. Why do you like **cats**?

Why do you like **red** and **blue**?

Why do **I** like **you**?

Why do you love dad and mom?

Why do I like the sky and clouds?

7th WEEK MISSION #34 —— p.118

STEP2. 너는 왜 **울고** 있니?

STEP3. 말하다, 크게 웃다

STEP4. Why are you **talking**?

Why are you laughing?

STEP5. Why are you **crying** and **eating**?

Why am I **shouting** and **dancing**?

Why are we **studying** English?

Why is she driving?

Why is dad watching TV and crying?

7th WEEK MISSION #35 —— p.120

STEP2. **너**는 누구니?

STEP3. 그들, 그녀

STEP4. Who are **they**?

Who is she?

STEP5. Who **am** I?

Who is **he**?

Who **is your mom**?

Who is your teacher?

Who is your student?

참고도서

3~6학년 초등학교 영어 교과서(천재교육, 금성출판사)

100일 완성 초등 영어 습관의 기적, 이은경 저, 빅피시

기적의 영어 일기, 여장은 저, 길벗스쿨

기적의 영어 문장 만들기, 주선이 저, 길벗스쿨

수행평가 되는 중학 영어 글쓰기, 플라워 에듀 저, A*List

영어가 트이는 90일 영어 글쓰기, 이명애 저, 라온북

초등 매일 글쓰기의 힘, 이은경 저, 상상아카데미

초등 영문법 문법이 쓰기다, 키 영어학습방법연구소 저, 키출판사

초등 영문법 이것만 하면 된다, Samantha Kim 외 저, 동양북스

초등 완성 매일 영어책 읽기 습관, 이은경 저, 비에이블

혼공 초등 영문법(기초구문편), 허준석 외 저, 쏠티북스

혼공 초등 영문법(쓰기편), 허준석 외 저, 쏠티북스

7주 완성
초등 매일 영어 글쓰기의 기적

초판 1쇄 인쇄 2021년 12월 22일
초판 1쇄 발행 2022년 1월 10일

지은이 이은경
펴낸이 이경희

펴낸곳 빅피시
출판등록 2021년 4월 6일 제2021-000115호
주소 서울시 마포구 월드컵북로 402호, KGIT센터 1601-1호
이메일 bigfish@thebigfish.kr